圖解
世界海戰史

CARTOON ALBUM OF NAVAL BATTLE HISTORY

久邦彥

「和平的時刻，好極了！繼續這樣釣上來吧！」

楓樹林

前言

現代人類，也就是智人，約在20萬年前誕生於非洲。他們克服了冰河時期的嚴峻環境開始向全世界擴散，在約5～3萬年前抵達了日本列島。

冰河時期有些地區因為海平面下降的緣故而成了陸地，但大多數的陸地仍被海洋所隔開；河流、湖泊、沙漠和山脈成了阻礙人類擴散的障礙。儘管如此，人類最終還是克服了各項挑戰，從非洲一路擴散到美洲和太平洋上的島嶼。

隨著人口的增加，一些族群不得不開始尋找新的居住地；有些則被迫離開，成為未知世界的探險者。最令人驚訝的是，在那個不知道地平線之外有些什麼的時代，竟然在夏威夷、大溪地和復活節島等處都留有人類的足跡。直到大航海時代，歐洲白人才發現原來美洲和太平洋上的島嶼都有人類居住，這比單靠著獨木舟航行於太平洋的波利尼西亞人晚了幾千年。

然而，這樣的發現卻改變了世界。非洲黑人被當成奴隸塞進船艙，販賣到美洲；太平洋上的島嶼也被尋找香料的白人所控制，甚至捲入戰爭。到了近代，新興國家日本與白人國家對立，太平洋上的島嶼也被迫捲入其中。

可以說從地中海到大西洋，再到太平洋，海戰塑造了人類歷史。我試圖在漫畫中追溯部分的海戰歷史；當時如果有漫畫家的話，一定也會畫出這樣的漫畫，因為誇張、幽默和諷刺正是漫畫的精髓。

提到戰爭這個詞，有些人可能會皺起眉頭。但如果翻開歷史年表就會發現，幾乎所有重要的歷史節點，都是戰爭。戰爭有其原因，勝負的結果也改變了歷史。對普通百姓來說，戰爭可能在毫不知情的情況下爆發，但其結果卻深深影響了他們。這極為不公。

然而，海上戰爭往往具有重大的意義。對於歐洲國家來說，英國作為一個島國，卻通過掌控海洋實現了世界霸權。對於同樣是島國的日本來說，海戰也就成了歷史的必然。從白村江之戰開始，元寇、倭寇、慶長之役等戰事，日本與朝鮮半島、大陸之間的海上爭端從未停歇過。其中，元朝的大規模入侵，倘若結局不同，那日本的歷史恐將全面改寫。

近代的例子則是日俄戰爭中的日本海海戰。當時俄羅斯從遙遠的波羅的海調派艦隊，試圖擊敗當時「非白人」的新興國家——日本；但結果完全相反。當時，如果日本在海戰中失利，後來的歷史也會有所不同。戰爭雖然悲慘，但其結果卻是顯而易見的。

「好，又增加了新的領土。」

最典型的例子或許就是太平洋戰爭了。儘管瞭解在工業生產力等基本國力上的巨大落差，但卻抱著通過速戰速決以達成和平的期望，甚或抱著同盟國納粹德國能在歐洲取得勝利，而對美英發動戰爭。

太平洋戰爭是一場徹頭徹尾的海上戰爭。新興的航空母艦和飛機的組合徹底改變了海戰的面貌。飛機能夠攻擊到的目標，比戰艦上的巨砲能轟到的要遠的多，就連地平線外看不見的敵人也能攻擊；且命中率更高。即便建造了像「大和」、「武藏」這樣擁有巨大艦砲的戰艦，但在面對飛機的炸彈和魚雷攻擊時，依舊是一籌莫展。

在珍珠港襲擊中，日本展現了所擁有的優秀航空母艦、飛機和飛行員，但卻在中途島之戰失去一切，其結果影響深遠。這是一個戰場勝負決定了戰爭趨勢的典型範例：日本海軍的密碼遭到破解，被杜立德空襲所引誘，偵察失敗，最終完敗收場。如果要打仗，就必須獲勝。失去四艘航空母艦，也就意味著失去四個重要的航空基地。中途島海戰更直接導致瓜達爾卡納爾島的悲劇性失敗。

日本海軍逐漸走向困境，可以說士兵越努力，結果越悲慘。在地中海的義大利海軍也面臨著同樣的命運，試圖運用驅逐艦將燃料運到非洲，卻遭到英國海軍和空軍的重創。以潛艇和轟炸機對運輸船隻進行沉沒作戰，就像是對城市進行無差別轟炸一樣，並沒有什麼不同。

儘管食物、武器、彈藥等物資依舊匱乏，但在太平洋諸島上奮戰不懈的日本士兵讓英美著實震驚，神風特攻隊的最後一擊更是如此。現在或許會使用由電腦控制的巡航導彈或無人機進行攻擊，但當時可是年輕的飛行員親自駕駛飛機，衝向敵艦。

特攻隊對準的目標是戰艦、航空母艦、雷達巡邏艦等；不像美國的潛艇和轟炸機，對著滿載士兵的運輸船發動攻擊。對美國來說，失去數百甚至數千名士兵造成的損失可能更大，但日本人對戰爭的看法與他們不同。

最終，日本因滅絕人性的原子彈而投降，戰後甚至制定了憲法第九條，不讓國家再次發動戰爭。在那之前，對不聽話的國家宣戰是國家的基本權利。這一權利雖然被剝奪了，但戰後的日本卻以此避免了戰爭的蹂躪，還實現了經濟發展。

說戰爭是好是壞很容易；但毫無疑問的，戰爭是悲慘的。綜觀歷史，看到的不僅僅只有這些。這也許就是我持續繪製戰爭漫畫的原因之一。感謝與我一起創作本書的編輯，並密切關注烏克蘭的局勢發展。

2022年8月10日

久邦彥

CONTENTS

※本書根據季刊「軍事經典」VOL.51～77中的連載漫畫《漫畫世界的艦船戰史》，進行部分的補充與修正。

第1章

槳、帆和大砲的時代

公元前～18世紀/歐洲

這幅畫描繪了1718年8月11日在西西里島附近、地中海上爆發的西班牙艦隊和英國艦隊之間的海戰——帕薩羅灣海戰。在這場海戰中，擁有22艘戰列艦（ship of the line）的英國艦隊擊敗了擁有11艘戰列艦和13艘護衛艦的西班牙艦隊。畫面中央略偏左處描繪了英國艦隊的旗艦——巴福爾號。

（畫：Richard Paton）

自從人類發明了船舶並進入海洋以來，直到19世紀蒸汽船實用化前，船舶的動力主要依賴人力或自然力；也就是依賴船員划槳，或是張帆順風而行。但即使是在那樣的時代，海上戰鬥仍然頻繁發生，通過戰鬥成就了造船技術和海戰戰術的發展。

地中海的霸權之戰
槳帆船戰鬥

（公元前）

公元前的地中海上有許多商船往來穿梭，有覬覦這些船隻的，也有護衛這些商船的，後來更為此發展出專門的軍艦。約在公元前2000年左右，出現了由許多槳手操控的槳帆船，除了廣泛運用於登陸戰外，也開始用於海戰。一直到18世紀，大砲取得大幅進展、帆船的性能提高後，槳帆船才逐漸沒落，這一點頗令人驚訝。

約西元前270年左右，腓尼基人的迦太基統治著現今的突尼西亞的中部沿岸、伊比利亞半島南部、西西里島西部，和科西嘉島等地。與此同時，統一義大利半島的羅馬共和國也在尋找機會向西擴張勢力範圍。這兩者於西元前264～前146年間爆發三次的布匿戰爭，最終由羅馬共和國獲得勝利，掌握了西地中海的霸權，迦太基則滅亡了。

（地圖：おぐし篤）

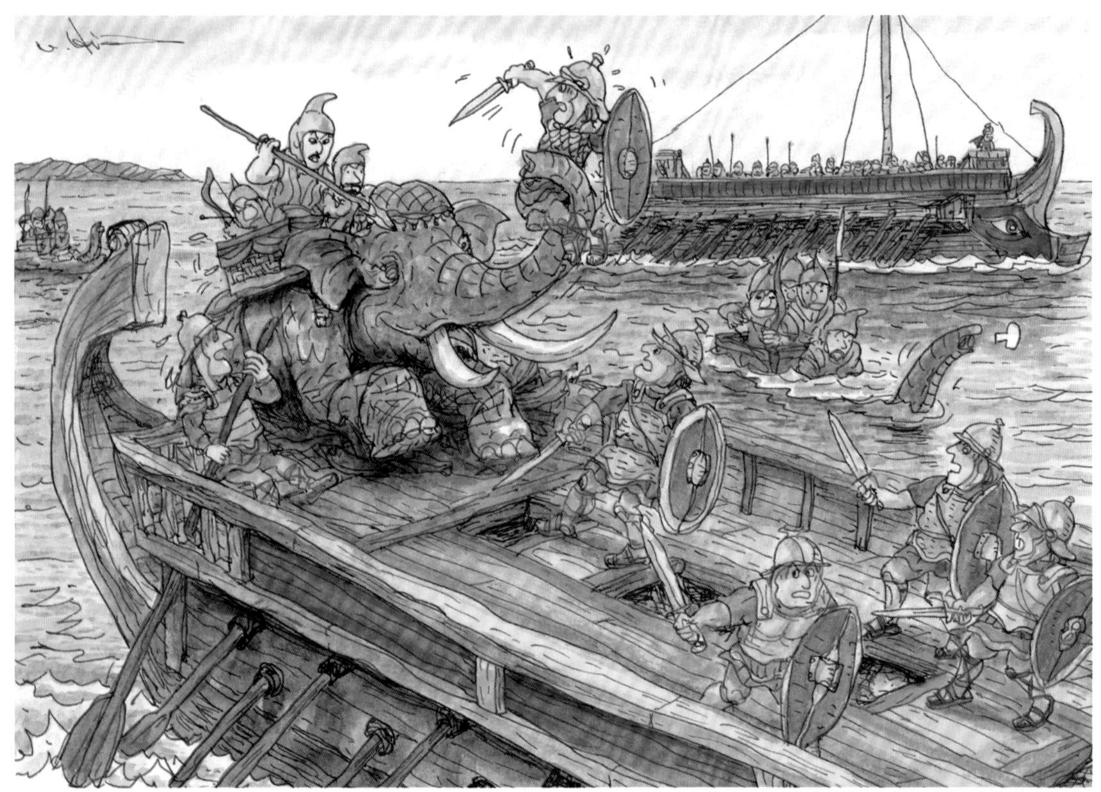

「哇，有大象！！！」

迦太基的將領漢尼拔使用戰象與羅馬交戰的故事相當著名。那麼，當戰象出現在海戰中時，要如何進行戰鬥呢？

「你會漸漸感到困倦……」

在許多槳帆船的船首都繪有大眼睛，作為護身符。

槳帆船是什麼？

這種軍艦是靠人力划槳來前進的；與帆船相比，航行能力較差，不適合長途航行，但不受自然條件的限制，且擁有優越的機動性。槳手以奴隸為主，三層槳艦上約有150名槳手。船頭下方裝有鋒利堅固的「衝角」，可用來撞擊敵船的船體、開孔，或者折斷船槳，剝奪其機動能力。

腓尼基人、埃及、希臘城邦、波斯以及羅馬帝國都將槳帆船作為船隊的主力。

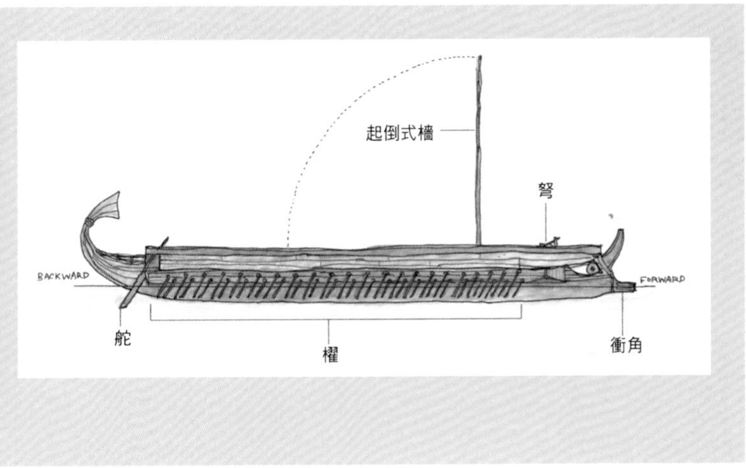

混戰混船
「敵我難分！」

發生於槳帆船之間的海戰，最常見的戰術是先以弓箭、投槍、投石器進行攻擊後，再進行船艦相撞的接觸戰。最後，由雙方士兵在船上進行白刃戰。

接舷妙招——鉤橋

鉤橋第一次布匿戰爭，羅馬幾乎沒有任何海戰經驗；為了對抗深具海戰經驗的迦太基，他們使用了一種新的接舷武器——鉤橋。鉤橋是一塊寬1.2米、長10米的木板，前端裝有向下的鉤爪，平時固定在甲板上，通過繩索和滑輪懸掛並摺疊起來。在海戰開始後，當船體撞擊到敵船時便放下鉤橋，將鉤爪插進敵船的甲板上並牢牢固定，成為登上敵船的臨時橋梁。由於羅馬士兵擅長白刃戰（陸戰），一旦登上敵船就已經佔據了有利地位。然而，將近一噸重的鉤橋會讓船的重心嚴重偏離，在惡劣天氣或暴風雨中，很容易造成船隻翻覆。隨著戰爭的進行，羅馬對於海戰逐漸熟悉，而迦太基也對鉤橋有了更多的警惕；因此，在布匿戰爭後期，就幾乎不再使用鉤橋了。

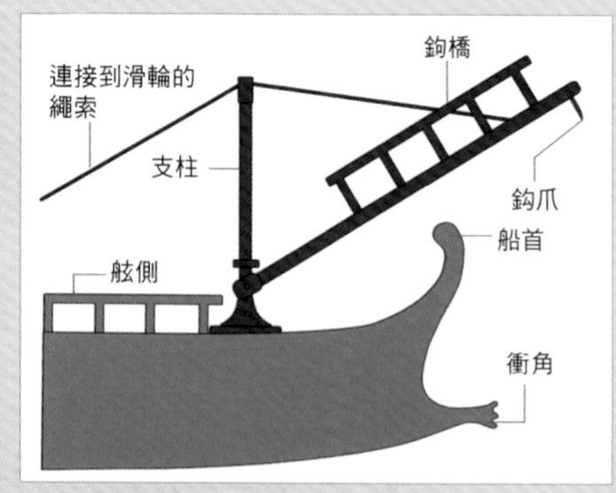

這是「鉤橋」的示意圖。這是一座帶有鉤爪的可摺疊式橋樑，在進行接舷攻擊時使用。（圖片：Chevie）

「喂，那是我們的午餐！」

有些槳帆船會在船首裝備巨大的投石器，除了可以投擲大型的石塊外，還能投擲火種，讓敵船著火。還有傳言，曾經使用過神秘的筒狀火焰噴射器。

海戰中的火焰攻擊

以火焰來進行攻擊的歷史相當悠久；簡易的火焰噴射器使用硫礦、石油和瀝青的混合物，自西元前9世紀左右便被亞述人使用，後來的希臘和羅馬也廣泛應用。

隨著時代的演進，以海戰中展現強大威力而聞名的要屬東羅馬帝國（拜占庭帝國）的「希臘火」。希臘火使用一種一旦燒起來就無法用水撲滅的液體當作燃燒劑，據說效果類似於凝固的汽油。當東羅馬帝國首都君士坦丁堡被倭馬亞王朝海軍封鎖時（672～673年），就曾使用希臘火，成功擊退倭馬亞王朝的海軍。

東羅馬帝國在海戰中使用的希臘火（取自《斯基里茨斯年代記》的插圖）。

希臘火的製造方法代代相傳並被視為高度機密，隨著東羅馬帝國的滅亡，相關的知識和技術也失傳了。雖然至今仍未確切了解其製法，但主流觀點認為其材料包括松香、萬士灰、氧化鈣、硫礦或硝石的混合物。

化學武器
「哇！氨氣太刺眼了！」

槳帆船是以槳來操控船的，不像帆船那樣受風向的影響，但是如果不知道風向的話……

槳帆船上，槳手的座位

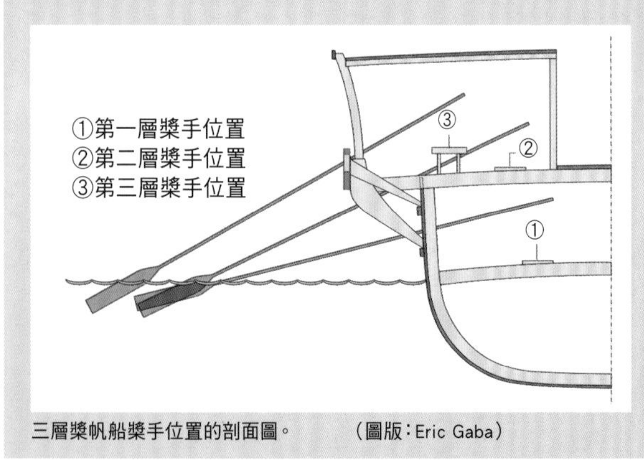

三層槳帆船槳手位置的剖面圖。　　（圖版：Eric Gaba）

有些槳帆船配備了可以立起或是放倒的桅杆（船桅），但揚帆的航行僅限於順風時；戰鬥時則大多使用槳櫓。由於槳手越多，速度就越快，因此隨著時代的推移，槳帆船的槳手座位也逐漸增加至第二層甚至第三層。為了避免上下層槳櫓相互干擾，三層槳帆船的上層槳櫓會向外突出。由於技術上的限制，以及效率不佳，因此在三層槳帆船問世後，通常只會增加每根槳櫓的槳手數量，並實行輪班制度，以維持長時間的航行速度。據說三層槳帆船的槳手人數多達150人左右。

維京時代 （8～11世紀）

8～11世紀中葉，居住在斯堪的納維亞半島和日德蘭半島的北日耳曼人開始向海洋進軍，他們被稱為「維京人」（意指「入灣之民」），乘坐著吃水淺且細長的帆船渡海，在歐洲各地進行掠奪、貿易和殖民，並在丹麥和英格蘭建立了王朝。

「哇！ 真的是一隻龍啊！」

世界各地的船常會畫上眼睛作為靈性護符，或雕刻龍頭等圖案。維京人所使用的船，上面的龍雕刻尤為壯觀。

維京人的「長船」

維京人所使用的船，在今日稱為「長船」。長船是一種吃水淺、身形細長的帆船，沒有風時則使用槳櫓來航行。大部分的船全長20～30米，即使是較小的長船也能容納20名左右的船員。

船身中央只有一根方形帆桅，幾乎整個長船都可以安裝槳櫓。由於吃水淺，即使是水深僅有1米的小河也能停泊。由於前後幾乎對稱，因此能快速地倒退航行。此外，空船時非常輕便，甚至可以讓船員扛著步行來進行陸路的轉移。具有這些特點的長船支撐著維京人的大範圍活動。

長船的形狀在數個世紀中不斷地改進，對歐洲的造船技術產生了深遠的影響。

復原的長船
（照片：Michela Simoncini）

大航海時代／戰列艦時代（15～18世紀）

大航海時代（15～17世紀）過後，歐洲各國開始「發現」世界的大部分地區，並將其作為利益豐厚的殖民地加以統治。這些殖民地與本國之間的交通完全依賴帆船。在工業革命之前，歐洲各國圍繞著殖民地利益和宗教衝突，不斷地展開帆船海戰。

轟！轟！轟！

「這是新型的大砲！」

大航海時代始於15世紀末，各歐洲國家展開了探險航行，為爭奪海洋權益展開了許多海戰和與海盜的戰鬥。利用射程較短的大砲進行的帆船海戰，最終常以相互登船作戰來解決。

空中戰

這時代的戰船主要以射程較短的大砲作為武器。然而，最後階段，接近戰也很常見。因此，他們會在桅杆上配置了大量的火槍，有效運用短槍、短劍和軍刀。

久違的出航
「啊，怎麼都結滿了蜘蛛網呀！」

帆船上高大的帆桿全靠繩索來操控多片的風帆。
看似複雜的索具，每一根都是有著生命的繩索。

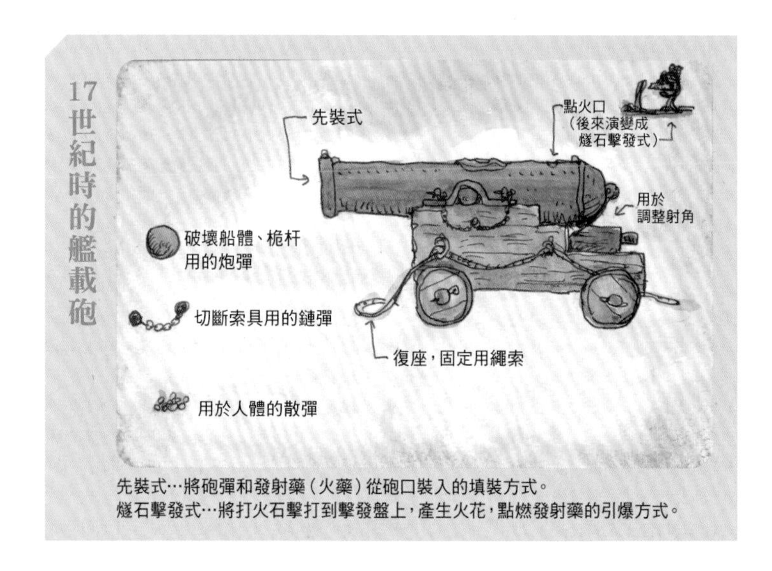

先裝式…將砲彈和發射藥(火藥)從砲口裝入的填裝方式。
燧石擊發式…將打火石擊打到擊發盤上,產生火花,點燃發射藥的引爆方式。

濃霧
「看起來像是敵艦!」

帆船受天氣的影響很大,海上的天氣變化由其劇烈。即使已經從高高的桅杆上發現了敵艦,如果不能善用風向和潮流,就很難靠近,進入射程距離。因為敵方和我方面對著都是同樣的一股風。

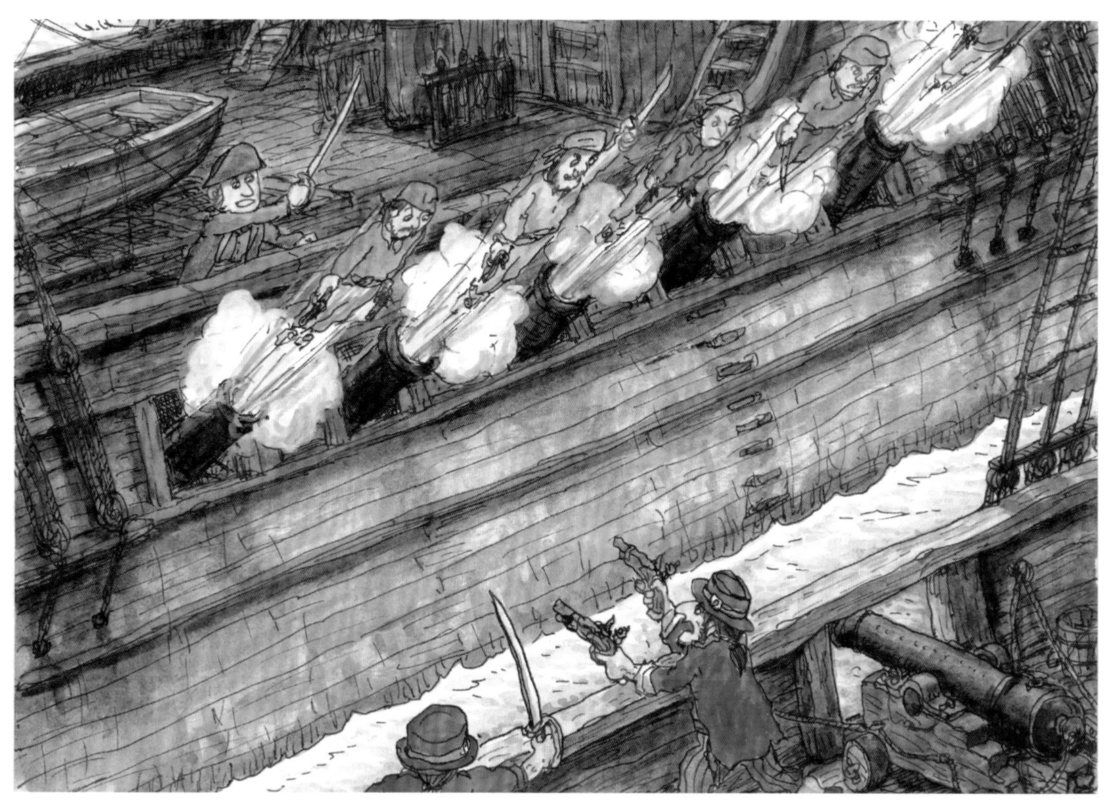

「哇，人體砲彈！」

大砲會在敵艦的舷側打開，割斷操船的索具，並殺傷船員；但沒有炸藥的砲彈無法造成致命傷害，最後將會轉為接舷的白刃戰。

無風的戰鬥

帆船在風平浪靜時都無所作為，甚至連方向都改變不了；完全都得仰賴風力。之後的蒸汽船大幅改變了海戰的面貌。

「戰爭就交給軍官們吧，我們相互幫助。」

帆船的操船需要大量的人力，而這些人力大多來自強制徵募或囚犯，因此他們並沒有要為自己的國家而戰的意識。

第2章

日本的中世／戰國時代

（13～16世紀）

在沒有動力船的時代，即使是位於亞洲極東的日本，也發生了各種形式的海戰。這些海戰有時是為了保衛土地免受侵略者的侵犯，有時是內戰，或是入侵鄰國的侵略戰爭。這些海戰在許多時候會與陸地上的戰鬥同時進行，特別是為了維護海上運輸路線而進行的戰鬥。

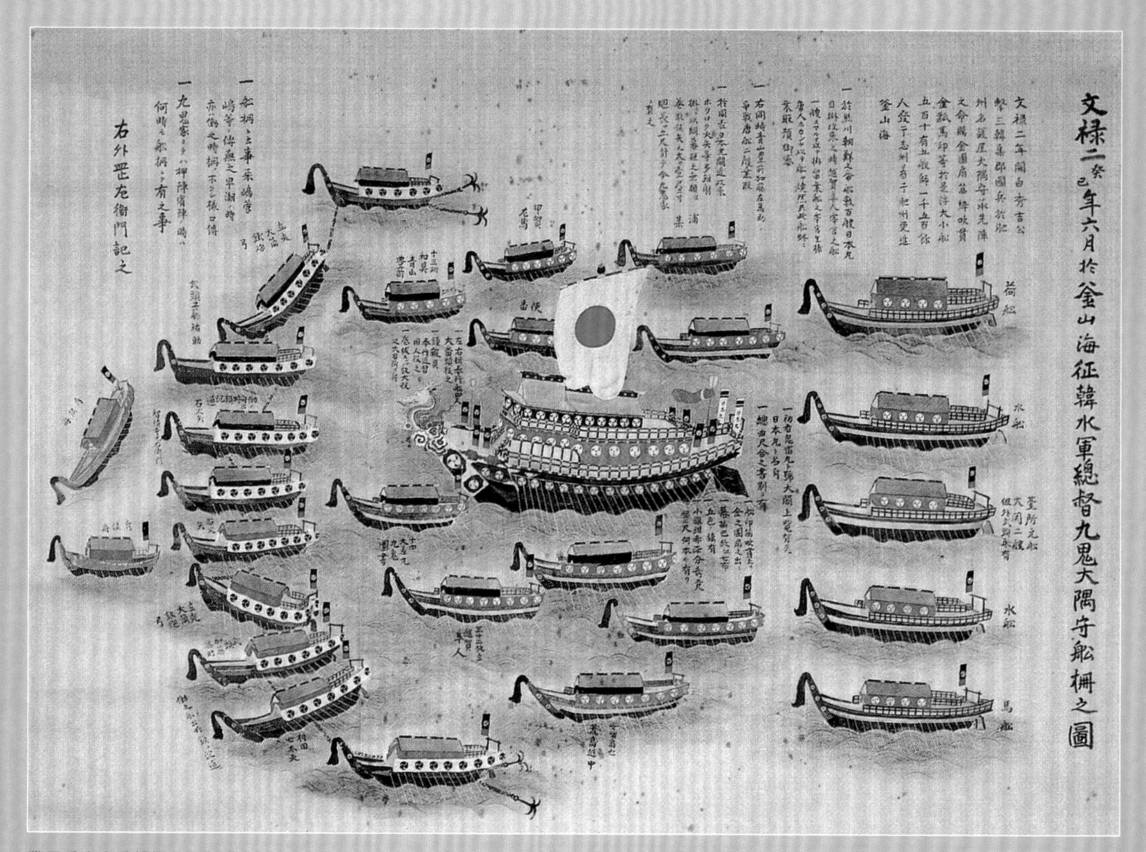

豐臣秀吉出兵朝鮮——文祿之役（1592年至1593年）期間，九鬼嘉隆擔任出征的水軍大將，指揮以「日本丸」為中心的船隊。「日本丸」是一艘全長99尺（約30米）、載重2600石（390噸）的安宅船，在文祿之役和慶長之役中表現出色，並平安返回。九鬼嘉隆是率領志摩國（東海道）九鬼水軍的武將，被稱為「海賊大名」，這一身份記載於江戶時代的軍記中。

蒙古來襲、元寇 （13世紀）

鎌倉時代中期，日本兩度遭受征服了中國的蒙古帝國（元朝）的大規模入侵，分別發生於1274年和1281年。這是一場名為大渡洋作戰的行動，計劃派遣成千上萬的士兵和數以百計的船隻登陸日本。但在鎌倉武士的奮戰下，蒙古軍未能確保橋頭堡，加上天候急變，兩次入侵都以失敗告終。

「他們幾乎全被你們殺了！」

鎌倉武士使用的和弓，射程比蒙古軍用的短弓遠，且命中率高。在箭矢的交火中，能完全採用遠程戰術。

文永之役（1274年）

1274年（文永11年）10月3日，來自中國合浦的蒙古軍（元朝和高麗聯軍）約4萬人，在攻佔對馬和壹岐後，於10月20日於博多灣西部登陸。原本計劃直接進攻大宰府，但遭九州御家人等的激烈抵抗，被迫於翌日撤退。據稱，蒙古軍在這場戰鬥中損失超過13,000人。

（地圖：おぐし篤）

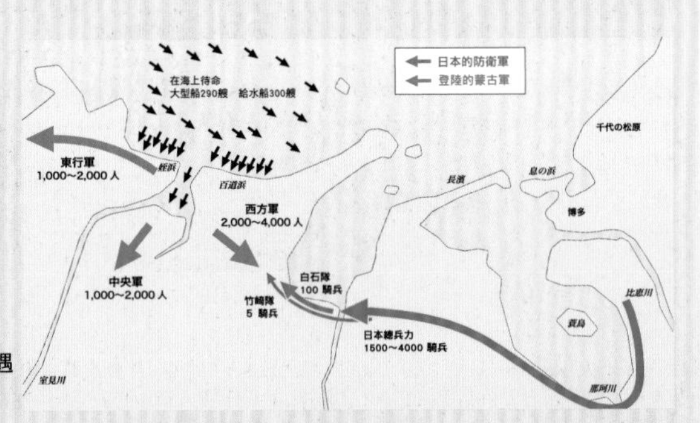

於博多灣登陸的蒙古軍兵分三路，試圖建立橋頭堡，但遭遇鎌倉武士騎兵隊（據說有4,000騎之多）的側面攻擊。

「不騎馬的話就無法戰鬥嗎？」

蒙古軍將大量戰馬運上船，但在登陸、展開作戰前，遭到日本武士的襲擊。

弘安之役（1281年）

文永之役失敗後，蒙古軍再度組織約14萬人的大軍，於1281年（弘安4年）6月再次試圖登陸博多灣。由於日本在海岸線上築起了大量的防禦工事，使蒙古軍無法成功登陸。海戰持續到7月底，7月30日一陣巨風襲來，造成多艘蒙古船隻沉沒或受損，大量人員溺斃，損失慘重。在日本軍的追擊下，進一步擴大了損失，最終被迫撤退。據說返回的蒙古士兵只佔全軍的1～4成（約14,000至56,000人）。

博多灣對面現今仍保存著元寇防禦工事的福岡市早良區西新（圖片：震天動地）

鵜飼（迂回）作戰
「趁他們分心於燈火之際」

為了對抗難以建立橋頭堡的蒙古軍，日本的武士團在陸地和海上發起了英勇的夜間突襲。

「火箭來了，啊！」

當蒙古軍的箭矢用盡後，由於無法補給便無法再使用弓箭了。這種情況下，很難抵抗日本武士團的小船襲擊和火箭攻勢。

「乘著波浪」

蒙古軍的船隊試圖通過密集部署來對抗日本的小船襲擊，卻反而在暴風雨和巨浪中遭受重大損失。蒙古軍的大規模渡海作戰最終因鎌倉武士的奮戰和天助而告終。

元寇之神風

在元寇事件中有一則傳說，稱「神風」吹襲導致了蒙古軍的覆滅。雖然這樣的說法有些誇張，但蒙古確實在文永之役和弘安之役中兩度受災。在文永之役中，突發的強風造成損失；而在弘安之役中，颱風則導致許多軍船沉沒，在4,000多艘的軍船中最後僅剩200艘左右，這樣的結果也被記載下來。

這是繪卷「蒙古襲來圖詞」中所描繪的蒙古軍軍船。

村上水軍的盛衰 （16世紀）

村上水軍（也被稱為村上海盜）是戰國時代統治瀨戶內海西部地區的海上勢力。他們在瀨戶內海擔任領航人，徵收通行稅，進行造船等活動以壯大勢力，整個海域都在村上一族的控制之下。但為了統一天下，豐臣秀吉頒布了海盜禁止令限制了他們的活動；而德川幕府的大型船禁令則導致他們逐漸被地方大名所吸收。

「水軍的忍者真是厲害啊」

「情報戰」對戰國時代的水軍來說是非常重要的。在村上水軍與毛利家聯手，擊潰織田信長水軍的木津川口海戰（天正四年（1576年）第一次海戰）中，以間諜進行情報收集發揮了重要的作用。

戰國大名與村上水軍的關係

村上水軍的家族村上氏是由來自因島、來島、能島三個家族組成的，他們雖然不斷地反覆上演協作和背叛的戲碼，但彼此之間還是擁有強烈的同族意識。在16世紀的戰國時代，他們組織有序，能向周邊的大名提供水上部隊：因島村上氏臣從於毛利氏；來島村上氏則歸順於河野氏成為其家臣。而能島村上氏是三家中最為獨立的，與戰國大名如毛利氏、大友氏、三好氏、河野氏時而保持友好關係，時而敵對或處於緊張關係，一直堅持著自己的立場。

「我已經準備好許多箭了」
「感覺就像三國志一樣啊」

由於村上水軍的基地位於資源匱乏的瀨戶內海島嶼，因此得採取各種手段來取得武器。在《三國演義》中有一個場景是諸葛亮故意誘使魏軍放箭，讓箭射在稻草人上，藉此取得十萬支箭（草船借箭）的故事。

「哇，這是從哪裡飛來的啊！」

瀨戶內海以「鳴門渦潮」聞名，擁有非常複雜的水流，海流在潮汐轉換時變化劇烈。村上水軍對這些潮流和地形非常熟悉。

「哇，我還以為是個島呢！」

對於小型或中型的關船來說，大型的安宅船就像是一座島嶼，甚至還配備了天守和大砲。但根據德川幕府的政策，所有的大型船隻都被禁止了。

「喂，快扔出去！」

村上水軍的主要武器之一是手投焙烙。這是將裝有火藥的焙烙（球狀陶器）裝上火線，點燃後投擲到敵船上。在與織田信長水軍對戰的木津川口海戰中，大部分的敵船幾乎都被手投焙烙燒毀了（但兩年後的第二次海戰中卻敗給了信長的大型鐵甲船）。

豐臣秀吉之夢 文祿、慶長之役 （16世紀）

豐臣秀吉在統一天下後，企圖侵略明朝；召集麾下諸侯，發動大軍在朝鮮半島登陸。這支戰國最強軍團（約16萬人）在軍事上壓倒了朝鮮和明朝，但卻為異族統治和義民游擊戰等問題而苦惱。特別是對當地水域了解甚深的朝鮮水軍經常威脅到他們的水上運輸。

「快把船燒了，免得落入日本人手裡。」

面對日本軍船的大舉到來，朝鮮水軍毫無抵抗地消失了。

文祿之役之海戰

朝鮮半島上的第一次戰役「文祿之役」（1592～1593），在登陸釜山後僅僅兩個多月就攻佔了朝鮮王朝的首都漢城（現今的首爾）。隨後，中國的明朝軍隊加入戰鬥。由於補給短缺，文祿二年（1593年）4月，日本與明朝達成休戰協議。

天正20年（1592年）5月，由李舜臣率領的91艘朝鮮水軍對前往釜山的50多艘日本運輸船隊發動奇襲。日本未料到會有海戰，失去了15艘船隻（玉浦之戰）。此後，直到同年的7月7日止，共發生了6次海戰，雙方由此展開了激烈的戰鬥。

「哇──潮水變了！」

當熟悉潮汐變化和眾多島嶼地形的李舜臣接掌了朝鮮的水軍指揮權後，日本軍就開始經常受到打擊了。

龜甲船是什麼？

龜甲船是朝鮮李氏時期打造的軍艦，在文祿．慶長之役中據說用了5艘。船艦的船首呈現龍頭形狀，甲板上覆蓋著龜殼狀的頂板，上面有著無數的尖錐；側面和前方各設有14～16個砲口。此外，據說還可以從龍頭的口中發射火砲。

龜甲船的設計旨在利用頂板保護船員，防止敵兵入侵，還能突入敵船中進行砲擊戰。在韓國，它被視為「救國之船」，深受歡迎，但在日本的文獻中並無相關記載。它是如何參與戰鬥的目前尚不清楚。

龜甲船之模型
（照片：ヒサ クニヒコ）

火繩槍 vs. 青銅砲

朝鮮和明朝的船隻裝備有青銅大炮，但並未像日本一樣配置火繩槍。在船隻接近時，會使用射程較短且需要較長時間重新裝填的大炮和火箭，與射程較長且準確的火繩槍進行對射。

「母龜生小龜了！」

李舜臣所率領的朝鮮龜甲船，上層覆蓋著甲板以防日本軍的接舷攻擊，且處在攻擊的最前線。

總撤離
「對於大人來說，這是寶船嗎…」

豐臣秀吉突然去世，遠征軍受命撤退。正為強大的日本軍實力發愁的明軍立即同意和談。雖然有義民和朝鮮水軍的阻撓，但日本軍仍有秩序地進行撤退，結束了無謂的戰鬥。但就在撤退後兩年，關原之戰爆發了。

慶長之役　海戰篇

在朝鮮半島上的第二次戰役「慶長之役」（1597～1598）中，日本水軍在1597年7月15日的漆川梁海戰中大敗朝鮮水軍。朝鮮水軍指揮官元均戰死，許多軍船被擊沉或被遭日本奪取。

同年9月16日的鳴梁海戰，日本水軍再次與李舜臣（元均戰死後復職為指揮官）率領的朝鮮水軍對峙。雖然日本水軍遭受了相當大的損失，但仍成功佔領了朝鮮水軍的基地——全羅右水營和對岸的珍島，確保了朝鮮半島西南岸的制海權。

第3章

蒸汽機與鐵的時代

（19～20世紀初）

當蒸汽機於18世紀發明後，許多人都曾考慮將其用作船舶的動力來源。1807年，外輪式蒸汽船於美國哈德遜河正式營運；隨後，蒸汽船便進入了海洋。19世紀中葉，配備蒸汽機、螺旋槳和鐵製船身的現代化軍艦「裝甲艦」開始建造。19世紀是帆船時代轉變 為蒸汽船的時代，海戰的主角也隨之改變。

南北戰爭期間的1862年3月8日，發生了歷史上首次的裝甲艦對決——漢普頓錨地海戰。左側是美利堅聯盟國（南軍）的裝甲艦「維吉尼亞」，右側是美利堅合眾國（北軍）的裝甲艦「蒙特羅」。
（圖片：Louis Prang & Co., Boston, U. S. Library of Congress）

鴉片戰爭 （1840～1842）

十九世紀前半，英國和清朝爆發了鴉片戰爭※，持續約兩年，最終由英國取得勝利，為歐美列強對中國進行半殖民地化奠定了基礎。在這場戰爭中，清朝海軍的木質帆船被英國的現代化軍艦所擊倒（1841年1月7日的安澳灣之戰）。戰鬥雖然以陸地戰為主，但英國海軍控制了港口和河流為戰鬥提供了後勤支援。

※鴉片是一種以罌粟果為原料的毒品。

「快點起風！即使沒有風敵人也在航行！」

英國發動的鴉片戰爭是一場極不合理的戰爭。英國在自己的殖民地上有著豐富的作戰經驗，並以最新式的蒸汽船擊敗了清朝。這場戰爭對幕末的日本產生了重大影響：增強軍事力量，促成了明治維新。

南北戰爭（1861～1865）

南北戰爭是美國獨立後最大規模的內戰，雙方共有約50萬人死於戰爭。一開始南軍戰意高昂，佔據優勢，但最終在工業力量和人口的優勢下，由北軍取得勝利。戰爭中的多場戰鬥發生於海上和河流上，涉及港口封鎖和密西西比河的通行權；也由鐵皮蒸汽船正式拉起現代海戰的帷幕。

北軍以其豐富的工業力量源源不斷地推出新式武器。當時雖然有連發式的※加特林機槍，但好像沒有大砲。

※由美國發明家理查德·加特林發明的槍械，可以旋轉多個槍管進行連續射擊。

不同於英法戰爭等其他戰爭，印第安人在南北戰爭中處於局外人。但戰爭結束後，大批白人湧入西部，與平原印第安人之間展開了印第安人戰爭。

「哇，騎兵隊來了！」

南軍在開戰初期擁有優秀的指揮官，在各地展開了對北軍的優勢戰鬥。

「啊，好吵啊！」

左前方是北軍的裝甲艦「蒙特羅」，右後方是南軍的裝甲艦「維吉尼亞」

南北雙方都開發了以蒸汽為動力、乾舷低矮的裝甲艦，並投入實戰（1862年3月的漢普頓錨地海戰戰）。雖然兩艦都遭受重創，但都成功地擊退敵方，以平局告終。船內的噪音如此巨大，足以撕裂耳膜。

「哎呀，全扭成一團了。」

前方是南軍的潛艇「H. J. 漢利號」，左後方是北軍的軍用帆船「豪薩通尼克號」

南軍是史上第一支在實戰中使用潛艇的軍隊，他們擊沉了北軍的軍用帆船。潛艇從艇身前方伸出棒形水雷，刺入敵艦底部後引爆。令人驚異的是，這種潛艇的動力居然來自人力。

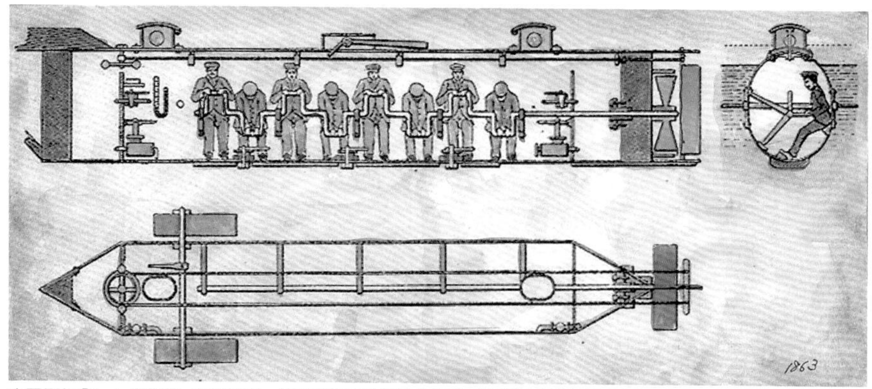

南軍潛艇「H. J. 漢利號」的斷面圖。乘員透過手動轉動曲柄軸，帶動螺旋槳來推進潛艇。

「這不是擱淺，而是佔領。」

即使進入18～19世紀，海洋的權益仍然取決於軍艦的力量。太平洋的島嶼也被「發現」，逐漸成為歐洲國家的領土 。

太平洋的分割由歐美列強執行

19世紀末至20世紀初，東南亞和大洋洲的島嶼相繼被歐美列強殖民化和分割統治。大致上，英屬領土包括澳大利亞、紐西蘭、所羅門群島等；法屬領土包括印度支那（現越南）、新喀里多尼亞、土亞莫土群島等；德屬領土包括馬里亞納群島、俾斯麥群島等；荷屬領土包括荷屬印度尼西亞（今印尼）；美屬領土則包括夏威夷群島、菲律賓群島等。 （地圖：おぐし篤）

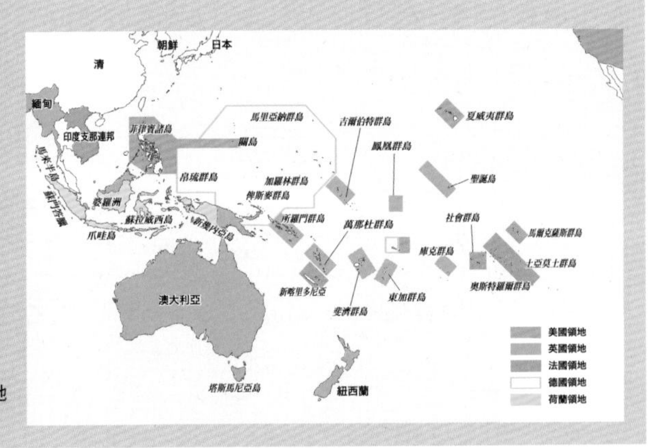

東南亞、大洋洲的歐美列強殖民地（20世紀初）

日俄戰爭
日本海海戰

（1905年5月）

俄羅斯和日本為了爭奪滿洲和朝鮮半島的利益而發生日俄戰爭。在歐洲的殖民主義世界觀中，以日本的勝利告終，對世界造成了巨大的衝擊。其中，日本海海戰中聯合艦隊對波羅的海艦隊的壓倒性勝利成了海戰史上的經典戰役。

「就像麥哲倫的環球航行一樣」

俄羅斯海軍花了大約七個半月的時間，從波羅的海派遣了大艦隊（8艘戰艦）遠征到日本。

波羅的海艦隊的大遠征

面對日本與英國結盟，在波羅的海艦隊啟航後，在北海航行中將英國漁船誤認為日本魚雷艇，進而發動攻擊，引發多格灘事件（Dogger Bank Incident）。導致艦隊無法通過由英國控制的蘇伊士運河，只好繞道經過非洲南端的好望角。航行中若需要補給，也無法停靠英國殖民地上的港口，經常得在海上進行補給。

因此，1904年10月15日從波羅的海啟航的波羅的海艦隊，在經過約7個半月、總長約33,340公里的大航海後，於次年1905年5月27日抵達決戰之地——日本海。艦隊船員在這段艱辛的航程中耗盡精力，士氣也比日本方面低落。

「長官，您會淋濕的。」

戰艦「三笠」（前方）、「庫尼亞吉·斯沃羅夫」和「歐斯利亞比亞」（左後方）。
在對馬海域迎擊波羅的海艦隊的日本海軍聯合艦隊，由東鄉司令長官率領；從8,000多米的距離外開火，逐漸靠近至6,000米，發射出準確命中的砲彈。

日本海海戰中擔任聯合艦隊旗艦的「三笠」戰艦在1960年代得以復原，現今作為紀念艦保存於神奈川縣橫須賀市的三笠公園。照片為主砲塔和艦橋。

（攝影：ヒサ クニヒコ）

「哇！　煙囪上的煤煙
　　　把一切都遮住了！」

訓練有素的連合艦隊炮擊命中率高，再加上新發明的下瀨火藥威力強大，使得波羅的海艦隊陷入困境。俄羅斯艦艦因為長途航行，船底長滿了牡蠣殼和海蛞蝓，煙囪裡也積滿了煤灰，導致無法發揮原有的速度。

「看來敵人已經用光了彈藥」
「因為是從南方繞過來的嘛」

波羅的海艦隊繞過非洲南端，穿越印度洋，從法屬印度支那（現越南）的甘蘭灣啟程，原本計劃經從對馬前往海參崴。途中的補給並不充足，砲彈也僅有原本從本國配發的。

「快鋪上紅色地毯，
血跡才不會那麼顯眼！」

日本聯合艦隊追捕俄羅斯海軍戰艦「奧廖爾」。

1905年（明治38年）5月27～28日，在白天的砲擊戰和夜間的追擊水雷戰中，幾乎所有的俄羅斯艦艇都沉沒或被摧毀，倖存的也投降了。日本只損失了3艘水雷艇，可以說是壓倒性的勝利。這場大勝利成了後來大艦巨砲主義的基礎。

敵前大回頭和雙方的損失

1905年5月27日，日本和俄羅斯的艦隊終於在日本海的對馬海域相遇。在這場海戰中，日本連合艦隊在敵前的大回轉，俗稱「東鄉轉向」，取得了成功。約30分鐘的激烈砲火交戰後，波羅的海艦隊被擊潰，並進入了夜間的追擊戰。

波羅的海艦隊有21艘艦艇（6艘戰艦和15艘其他艦艇，其中包括旗艦斯沃羅夫公爵號）沉沒，16艘艦艇被俘，死亡4,830名、俘虜6,106名。相比之下，連合艦隊的損失較少，有3艘水雷艇沉沒、117名戰死、583名受傷。這場艦隊決戰可以說是史上罕見的一面倒戰鬥。

第一次世界大戰 偽裝巡洋艦的戰鬥 （1914～1918年）

在第一次世界大戰期間，英國海軍和德國海軍在大西洋展開激烈的爭鬥，引發了像是日德蘭海戰（1916年5月31日至6月1日）這樣的戰艦間的砲擊戰。此外，德國海軍特別針對英國商船進行攻擊，除了活用新式武器U艇（潛水艇）外，也對船隻進行偽裝來執行巧妙作戰，並取得不錯的戰果。

「今天就讓我們偽裝成這艘船」

所謂的「偽裝巡洋艦」是將艦艇偽裝成阿根廷、荷蘭、丹麥等中立國的船隻，以躲避英國海軍，以便接近英國商船。

「偽裝巡洋艦」是指……

偽裝巡洋艦是一種特殊艦艇，是將民間商船（貨客船）改裝為武裝艦艇，投入通商破壞戰中。在德語中稱為Hilfskreuzer，意思是補助巡洋艦或預備巡洋艦。雖然稱為巡洋艦，但由於原本就是民間的商船，並非能與敵艦正面對抗的艦艇，其目標僅限於敵方的商船。

「這樣你應該不會認為這是大砲了吧」

德國的偽裝巡洋艦裝備了克魯伯公司生產的15㎝砲，是當時搭載於輕型巡洋艦上的武器，但船體本身仍保持商船的外觀，沒有裝甲，也無法達到巡洋艦的速度。改裝現有商船是為了節省建造正規巡洋艦所需的費用和時間。

「要不要偽裝成海盜呢？」
「笨蛋！」

偽裝巡洋艦的船員似乎盡其所能地以智慧來躲過英國海軍的警戒，據說有些即使接受了檢查也沒有被發現。船員雖然隸屬海軍，但甲板人員仍穿著民間服裝，有時甚至會穿女裝。

「喂，不要只顧著偽裝煙囪，
來處理一下大砲吧！」

偽裝巡洋艦一旦發現孤身航行的船隻，就會懸掛中立國的國旗加以靠近，然後突然揚起德意志帝國的軍艦旗，以射擊威嚇迫使對方停船，進行搶奪、沉船等行徑。

「喂，整艘船都穿著女裝！」

英國海軍的費里克斯托F.5飛行艇（中央）
隨著英國海軍的監視越來越嚴格，即使進行再多的偽裝，偽裝巡洋艦的活動範圍也變得越來越狹窄了。

「果然，真實的東西是無法比擬的呢！」

英國海軍的布里斯托爾級輕巡洋艦（左後方）

如果與英國海軍的艦艇發生戰鬥，由於本質上是商船，最終注定是無法抵抗的。

由帆船偽裝成巡洋艦

德國海軍的偽裝巡洋艦幾乎都是以蒸汽機作為動力來源，但有少數例外，其中以帆船改造而成的Zeedler偽裝巡洋艦，及其艦長費利克斯·馮·盧克納少校最為人所知。

之所以選擇帆船是因為它無需補給燃料（煤炭）即可進行長期航行。

實際上，Zeedler自1916年12月21日離開德國的威廉港後，一路向南穿越大西洋進行通商破壞，繞過南美洲的霍恩角進入太平洋，直到1917年8月2日擱淺在波利尼西亞島嶼前，持續航行了近8個月，期間未曾靠岸於其他國家的領土。

懸掛德國海軍旗幟，由帆船改裝而成的Zeedler偽裝巡洋艦（圖：Christopher Rave, National Library of New Zealand）

第4章

第二次世界大戰（歐洲）

（1939～1945年）

德國海軍戰艦「鐵必制」在後部甲板上進行了38cm雙連裝砲（C砲塔）的試射。姊妹艦「俾斯麥」在1941年5月遭擊沉，作為俾斯麥級的第二艘艦艇「鐵必制」則躲藏在挪威的峽灣中，一直存續到1944年11月；因此被稱為「北方的孤獨女王」。

當1939年9月第二次世界大戰爆發後，大西洋和地中海成為英國、德國和義大利三國海軍的對峙戰場，蘇聯海軍也在黑海進行有限的活動。英德兩國的海軍戰鬥激烈：戰艦間的炮擊戰、德國潛艇對商船的大規模攻擊。戰爭後期，當美國加入盟軍後更進行了有史以來規模最大的登陸作戰。

俾斯麥追擊戰 （1941年5月）

1941年5月，德國戰艦「俾斯麥」與一艘重型巡洋艦準備攻擊北大西洋的英國運輸船隊。得知此消息的英國海軍加足馬力前往救援，但巡洋戰艦胡德號卻被擊沉了，戰艦威爾斯親王號也遭到重創。憤怒的英國海軍從其他戰區調來強大的艦隊，執著地追擊「俾斯麥」。

「無論看到什麼都覺得像是俾斯麥戰艦」

輕巡洋艦「伯明翰」
英國海軍得知「俾斯麥」的出擊情況後，立刻發起航空偵察，但卻無法掌握她會從何處進入大西洋，因此拼命地進行搜索。

「哇，戰艦被擊沉了！」

俾斯麥號的出擊目的是破壞商船，並不打算與英國海軍正面對抗。然而，卻在冰島附近遭遇英國巡洋戰艦胡德號，並將其擊沉，這導致俾斯麥號被徹底追擊。

戰艦 俾斯麥號

（圖片：こがしゅうと）

第一次大戰敗北後，20年後建造出的戰艦成了德國新生海軍的象徵。儘管設計略顯陳舊，但擁有強大的近距離火炮和堅固的防禦力，成為歐洲新戰艦中最強大的存在。直到大和號完工前，它仍是世界上最大的戰艦。

【數據】標準排水量41,700噸／全長250.5米／寬36.0米／吃水9.3米／輸出功率138,000匹馬力／時速29節／以16節速度航行時航程9,280海浬／主武裝38cm連裝砲4座、15cm連裝砲6座、10.5cm連裝高角砲8座／側面裝甲320mm、甲板80～120mm、砲塔前盾360mm、砲塔天蓋130mm／船員2,065名

「噢，箭頭！」

英國艦隊曾一度失去俾斯麥號的蹤跡，但在第一次的炮擊戰中，俾斯麥號的燃料箱出現裂縫，洩漏的燃料被巡邏機發現，使他們再次發現了俾斯麥號。

卡塔利納I飛行艇

「我們飛太慢了，所以才會瞄不準」

費爾曼劍魚式雷擊機

從英國航空母艦皇家方舟號起飛的劍魚式魚雷轟炸機，發射的魚雷擊中了俾斯麥號的船舵，使其喪失航行能力。劍魚式是當時的老式雙翼機，最高時速僅為200公里／小時，但在這次戰鬥中表現卓越。

「看來我們已經沒有機會了」

俾斯麥號被英國艦隊追上後遭受了猛烈的砲火轟擊。即使船體上的結構遭受多次的攻擊，但由於水線以下並未受損，艦艇並未立即沉沒。最終，還是由英國艦隊發射魚雷將其擊沉。

俾斯麥號的航跡（1941年5月）

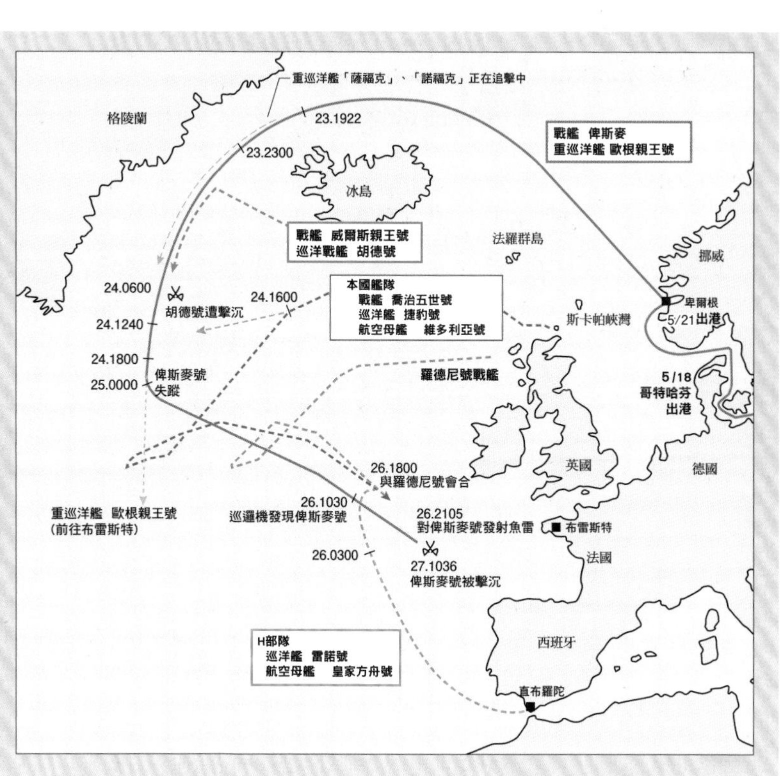

「俾斯麥」於1941年5月21日從挪威的卑爾根出港。在冰島西北海域被英國重巡洋艦發現並加以追蹤，24日在丹麥海峽發生海戰，「俾斯麥」擊沉了胡德號巡洋艦，並重創了威爾斯親王號戰艦。但「俾斯麥」也因燃料箱受損而改變原定計劃，轉而駛向法國聖納澤爾，該地仍屬於德國的佔領區。急速轉彎的「俾斯麥」讓英國艦隊一度失去對她的掌控，還好，於26日再度發現她的蹤跡。在持續不懈的追擊下，於5月27日在距離法國布雷斯特西方650公里的海域將她擊沉。

S艇的戰鬥

德國海軍的U艇（潛水艇）以其破壞商船的行為而聞名，但同樣取得顯著戰果的還有S艇。S艇是高速魚雷艇，主要裝備包括2具魚雷發射管、4枚魚雷以及安放在船尾的深水炸彈。S艇活躍於英吉利海峽、北海、地中海和黑海等地區，一直到戰爭結束，給盟軍帶來不少的困擾。

「如果對手是魚雷艇，使用魚雷就太浪費了。我們改用深水炸彈攻擊。」

當2枚魚雷都發射後，想在波濤洶湧的海域中重新裝填魚雷確實是一項艱巨的任務。此外，魚雷不僅價格昂貴，也是珍貴的物資。

「這樣應該就不會被發現我們是在移動S艇吧！」

從大西洋移動到地中海、黑海都是藉由萊茵河、塞納河、運河，或是透過陸路運輸來完成的。

偽裝「等到敵機離開後再動作」

布里斯托爾波夫特戰鬥機（右上）

由於聯軍的艦隊在沿岸地區可以獲得空中支援，這讓S艇無法輕率地進行攻擊。

「哇，貨倉裡的坦克開火了！」

小型S艇除了魚雷之外的武裝都較為貧弱，並不適合進行炮戰。

德國 S艇（S-7型）

S艇是Schnellboot（快艇）的縮寫，德語的意思是「高速艇」。英國稱它為E-boat，意思是「敵方的艇」。圖片是建於1933～1935年間的S-7型，能在外海上航行。

【資料】標準排水量78噸／全長32.4公尺／全寬4.9公尺／吃水2.80公尺／輸出功率3,960匹馬力／時速35節／航程600～750浬／主要武裝：53.3cm魚雷發射管2座、魚雷4枚（含後備彈）、2cm高射機砲1門／機組人員18名

「喂，結冰了！快給它澆點熱水！」

冬季的北海經常風大浪高，S艇常會被浪頭淋濕。

S艇的戰績

第二次世界大戰期間，S艇曾參與英法海峽、波羅的海和黑海等地的巡邏和破壞商船等任務，擊沉了101艘商船，總計達214,700噸。此外，他們還擊沉了12艘驅逐艦、8艘登陸艦、11艘掃雷艇等，並以魚雷或深水炸彈損壞了多艘巡洋艦等大型艦艇。由於這些戰功，有23名S艇船員在戰爭期間獲頒騎士鐵十字勳章，112名獲得德國十字勳章金賞。

航行中的S艇。可看到甲板上設置了2座魚雷發射管
（照片： U.S. Naval History and Heritage Command）

「惡劣海象下的砲戰」

海洋時而狂暴，時而寧靜，時而濃霧瀰漫，具有多種面貌。自帆船時代開始，海上戰鬥就備受天氣的影響。

U艇的戰鬥

為了使英國這個島國陷入困境，德國在第一次世界大戰後部署了大量的U艇（潛水艇）。特別是在法國投降後，可以自由使用面向大西洋的法國軍港後，U艇便開始在大西洋和地中海大顯身手。但隨著美國的加入、反潛武器和戰術的進步、密碼的破譯等因素，U艇也逐漸陷入困境。

「別讓那些雲跑掉！」

U艇內的空間狹窄，且作戰航行通常持續很長的時間，因此能在安全的海域浮出水面對船員來說是一段頗為珍貴的寧靜時光。

「就像是一場迷彩展覽會！」

U艇Ⅶ型（前方）

英國的護航艦隊經常會進行迷彩塗裝，U艇則會成群結隊的對其發動襲擊，這稱為群狼戰術。為了節省昂貴且補給困難的魚雷，有時候他們也會浮出水面進行砲擊。

德國的U艇（Ⅶ型）

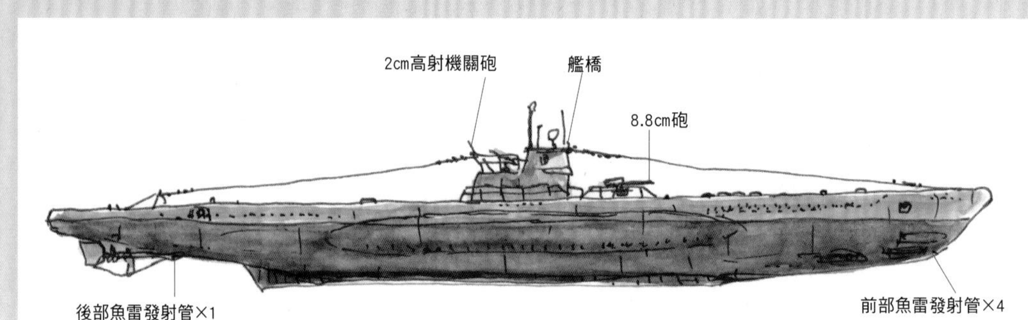

第二次世界大戰中，德國使用了20多種不同型號的U艇，總數超過1,000艘，其中最多的是Ⅶ型，超過700艘，成為潛艇艦隊的主力。儘管型體稍小，但具有優異的隱蔽性，能在商船破壞任務中大顯身手。

【數據】排水量753噸（水上）、857噸（水下）／全長66.5米／全幅6.2米／吃水4.74米／出力3,200匹馬力（水上）、750匹馬力（水下）／速度17.9節（水上）、8節（水下）／航程12節時為6,500海浬（水上）、4節時為90海浬（水下）／主要武裝：53.3cm魚雷發射管5座（艦首4座、艦尾1座）、備用魚雷9枚、45倍徑8.8cm砲1門、2cm高射機關砲1門／船員44～48名

「報告看到那個……(尼斯湖水怪)會變得很麻煩，
那就假裝沒看到吧……」

這位勇敢的U艇艦長深入英國海軍的泊地，
取得了重大的戰果。

入侵斯卡帕軍港

1939年10月14日，由船長古恩特·普林指揮的U-47（U艇VIIB型），冒險進入英國海軍基地斯卡帕軍港，並以魚雷攻擊了停泊在該港的戰艦皇家橡樹號。皇家橡樹號在遭受魚雷攻擊後約15分鐘沉沒，1,400名船員中有833人喪生。由於這項戰功，普林船長成了第一位U艇船員、第二位德國海軍獲得騎士鐵十字勳章的人。

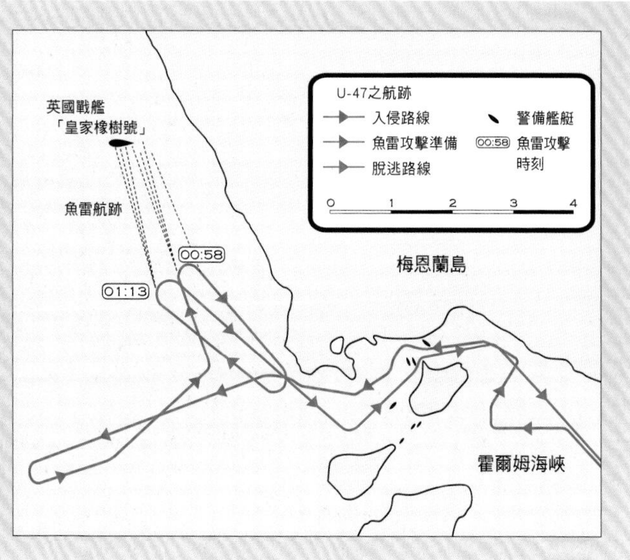

U-47侵入斯卡帕軍港，對著「皇家橡樹號」發射魚雷後的脫逃路線圖。U-47總共發射了7枚魚雷，其中有4枚未命中，這是深度調整和磁性引爆裝置故障所致。（地圖：BillC）

「嘿，還有那瓶葡萄酒也要撈起來！」

不僅要回收物資，連標有沉船名稱的救生圈也要回收，有些潛艇甚至會像戰利品一樣將其擺放在艦橋上。

「居然把它們塗成像是乳牛般的花紋，
真是不可思議啊！」

U艇XIV型（右後方）

為了讓出擊的U艇能夠進行長時間的作戰巡航，德國海軍特別建造了供海上補給使用的潛艇。就是被稱為「乳牛（Milchkuh：米爾希庫）」的U艇XIV型。但由於盟軍破解了通訊密碼，約定的海上補給地點被盟軍所得知，導致大部分的乳牛潛艇被擊沉。

諾曼第登陸 活躍的登陸艇

（1944年6月）

1944年6月6日，大量的盟軍部隊出現在法國北部的諾曼第海岸上。在戰艦和巡洋艦的猛烈炮擊後，約有5,000艘大小不一的登陸艇載著士兵和坦克衝向海岸。由於英國情報戰的影響，德軍的初期反應相當混亂，兵力無法集中，最終讓盟軍登陸成功。

海王星行動的概要

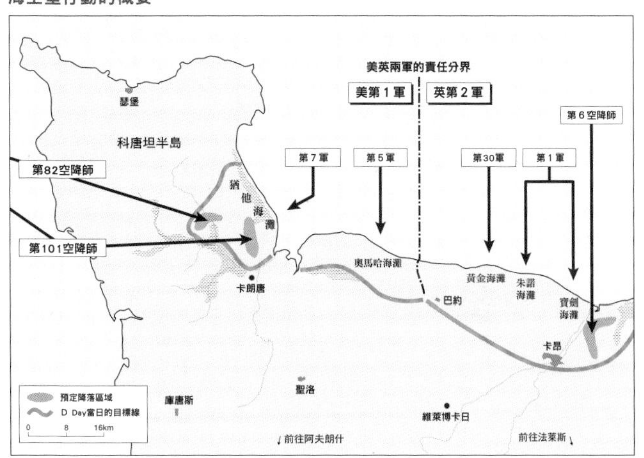

在盟軍進行諾曼第登陸的「大君主行動」中，將美軍部署在右翼（西部），英軍部署在左翼（東部），除了空降師所負責的區域外，每個軍團都有自己的登陸海灘。登陸海灘從東到西依序命名為「寶劍」「朱諾」「黃金」「奧馬哈」和「猶他」。D-Day當天，遭遇德軍最激烈反擊的是「奧馬哈」海灘。

「那艘船（LST）幾乎跟戰艦一樣」

美國海軍的LST（Landing Ship, Tank，後方）和LCM（Landing Craft Mechanized，前方）。LST是大型的戰車登陸艦，LCM是中型的機動登陸艇。

在第二次世界大戰中，從小型的士兵運輸艇到能運載坦克的大型登陸艇，各種型號的登陸艇都被實用化了。

這就是英國式的「槍械和裝備不要弄濕！」

英國海軍的LCA（登陸突擊艇）

英國也獨自開發了用於輸送部隊的登陸艇，於諾曼第登陸作戰中使用。

「媽媽非要我帶著這個……」

美國海軍的LCVP（Landing Craft, Vehicles, Personnel）

登陸艇上的美國士兵胸前繫著一個黑色橡膠袋，這是防毒面具袋，也兼具浮袋的功能。

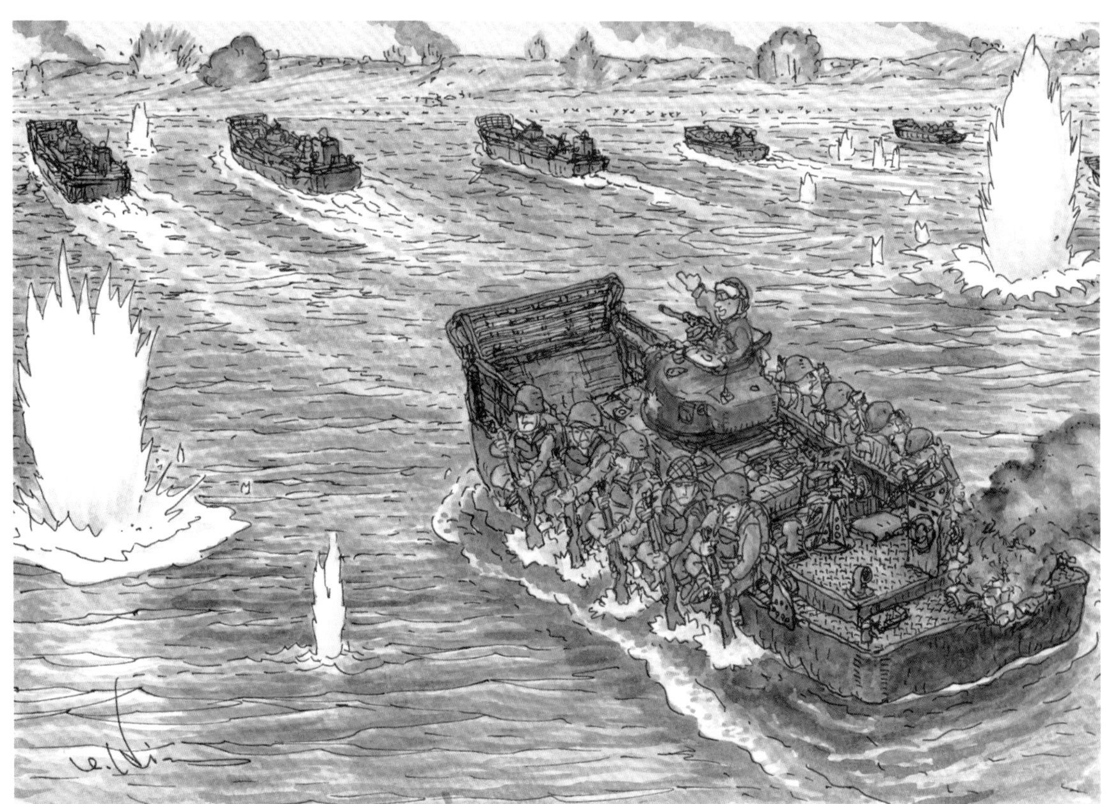

「拼命划！別被落在後面了！」

美國海軍的LCM

LCM配備了兩具100匹馬力的汽油引擎，但載有坦克或士兵時，它的速度只有7～8節。

海王星行動

「大君主行動」中，由海軍負責的部分稱為「海王星行動」。該作戰含蓋各式登陸艦艇和登陸艇，以及美英海軍的5艘戰艦、19艘巡洋艦、2艘砲艦、2艘監視艦等大型艦艇，用於對德軍所設置的沿岸砲台進行登陸前的壓制砲擊。

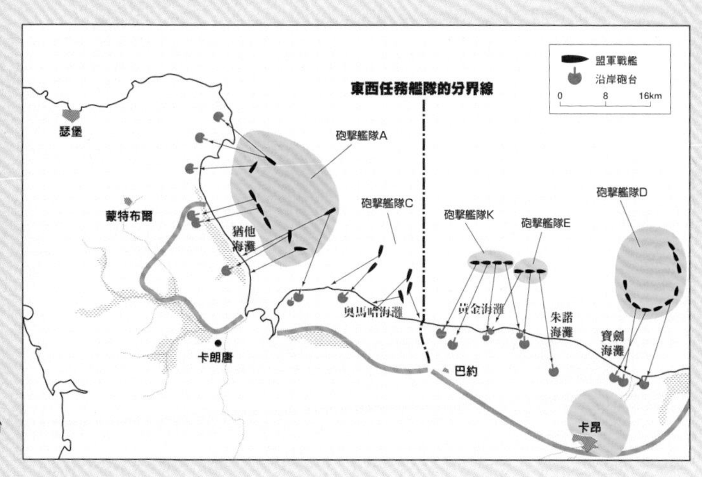

海王星行動中對沿岸砲台進行壓制砲擊的概要圖。

「GO! GO! GO!」

美國海軍的LCVP
登陸成功後的10天內，登陸艇運載了大量的士兵、食物、彈藥、車輛等物資到海岸上的橋頭堡，直到人工碼頭建立完成。

登陸的成功與損失

「大君主行動」是有史以來最大的海上突襲作戰，約有5,000艘登陸艇和攻擊艇、289艘護航艦、277艘掃雷艇參與其中。參與登陸作戰的士兵約有156,000名。盟軍在作戰當天死亡的有4,414人，受傷、被俘的約有10,000人。但在所有登陸海岸都取得了成功。約一週後，1944年6月12日，從各海岸登陸的盟軍取得了聯繫，建立了長97公里、深24公里的前線。

美國陸軍第1步兵師團的士兵乘坐LCVP前往奧馬哈海灘（照片：美國陸軍）

第5章

第二次世界大戰（太平洋）

（1941～1945）

1941年12月8日（日本時間），日本海軍對夏威夷珍珠港發動了攻擊，同時日本陸軍也在英屬馬來半島展開了登陸行動，標誌著日本與美英在東南亞和太平洋地區的戰爭正式開始。特別是在太平洋地區，日本海軍和美國海軍就島嶼地區的戰略要地展開了激烈爭奪，發生了史上首次的航空母艦機動部隊之間的海戰，以及戰艦之間的砲擊戰。

1945年3月19日，在九州海域的空戰中，美國的艾塞克斯級航空母艦「富蘭克林」被日本海軍的轟炸機投下的2枚250公斤穿甲炸彈直接擊中。其中一枚貫穿飛行甲板和機庫，造成第四甲板最深處出現破洞，引發各處著火。但富蘭克林仍未沉沒，後來被其他友艦拖回烏魯西泊地。自1944年1月服役以來，富蘭克林參與了馬里亞納群島、佩里樓島的攻略，以及萊特灣海戰等戰役。在萊特灣海戰中，從富蘭克林號起飛的艦載機對擊沉日本戰艦「武藏」做出了重大貢獻。（照片：美國海軍）

突襲珍珠港 （1941年12月8日）

破譯了密碼後，美國延遲通知駐日本大使傳達宣戰時間，並以「日本卑鄙的偷襲」作為口號參戰※。突襲珍珠港時，日本海軍僅瞄準美軍的艦艇和軍事設施，但此次的攻擊卻成了悲慘歲月的開端。

※關於美國參戰的理由有各種說法。

「電話那邊說『這不是演習』，你就回答『我知道了！』」

「亞利桑那」戰艦（前方）和「內華達」戰艦（右後方），上方是九九式艦載轟炸機。

日本海軍攻擊隊對停泊在珍珠港的美軍艦艇發動第一波攻擊後，一位美國海軍作戰官員發出了著名的電報，內容是「珍珠港遭到空襲，這不是演習」。起初駐守夏威夷的陸軍指揮官和檀香山市民都誤以為這次攻擊是由美國海軍進行的真實演習。

珍珠港突襲的戰果和影響

日本海軍機動部隊在夏威夷作戰的主要攻擊目標是停泊在珍珠港的海軍艦艇。1941年11月26日（日本時間）從択捉島出發的機動部隊在幾次幸運的巧合下，在未被美方察覺的情況下飛進了檀香山，並成功地發動奇襲。這次奇襲導致美國太平洋艦隊的4艘戰艦沉沒、1艘遭到重創、3艘輕微受損，但當時停泊在珍珠港的航空母艦卻幸免於難。對日本來說，未能摧毀美國的航空母艦成了之後太平洋戰區作戰中處於劣勢的重要因素。這次奇襲也激起了美國民眾的敵意，迅速推動了輿論走向參戰之路。

馬來亞海戰
（1941年12月10日）

珍珠港襲擊後的第3天，日本和英國在馬來半島的東方海域上爆發了首次的全面交戰。在馬來亞海戰中，以陸上攻擊機為主力的日本海軍航空隊取得了重大戰果，擊沉了英國東洋艦隊的戰艦「威爾斯親王號」和巡洋艦「反撲號」。

「威爾斯親王號」（前方）和巡洋艦「反撲號」（左後方），右上方是一式陸上攻擊機。

「這裡為什麼會出現德國轟炸機？」

英國海軍將「威爾斯親王號」部署到遠東，卻在馬來亞海戰中被日本軍機輕易擊沉。當時還有官兵誤認為是「德國飛機來了」，他們不相信亞洲人能造出真正的軍用飛機。

馬來亞海戰的戰果和影響

開戰時，日本海軍期待在馬來半島的進攻行動中扮演護衛輸送船隊到達登陸點，以及掃除作戰障礙——英國東洋艦隊的角色。然而，僅靠水面艦艇的戰力並無法完成這樣的任務；因此加派了駐紮於元山和美幌的2個陸上攻擊機（陸攻）航空隊，作為空中火力。

1941年12月10日早晨，日本航空隊在馬來半島東方海域進行搜索時發現了英國東洋艦隊。日本派出了59架九六式陸上攻擊機，和26架一式陸上攻擊機，在進行了多波的攻擊後，最終通過魚雷和水平轟炸擊沉了威爾斯親王號和巡洋艦反撲號。這結果讓日英在馬來地區的海軍力量一下子倒向了日本。

日本只損失了3架陸攻便擊沉了2艘英國戰艦，這成為了史上首次僅靠航空機的攻擊就擊沉航行中的戰艦的案例。

對美國本土的攻擊

戰爭爆發後，日本潛艇進入北美洲的西岸實施打擊商船的行動，並對美國本土進行砲擊，以及發射小型的水上飛機進行轟炸。得知此事件的美國民眾都感到十分的震驚，但事實上這些攻擊的規模都不大，並未造成重大損害，對於日本來說只是個冒險的示威行動。

「哇，那是日本潛艇！
潛了好長一段時間啊！」

1942年2月24日，伊號第十七潛艇進入了加州的聖地牙哥海灣，浮出水面後，用14cm砲攻擊了當地的煉油廠，導致石油儲存槽起火燃燒。

伊號第十七潛艇（巡潛乙型）

「已經燒毀了敵方的三棵樹！」

伊號第二十五潛艇（巡潛乙型）和零式小型水上飛機

1942年9月9日，伊號第二十五潛艇進犯俄勒岡州沿岸，艇上搭載的小型水上飛機還企圖引發森林大火。它向森林發射了2枚燒夷彈，但由於前一晚下了大雨，火災並未發生；這成了美國本土唯一一次被航空器攻擊的事件。

杜立德空襲 （1942年4月18日）

1942年4月18日，美國陸軍的轟炸機從西太平洋上的航空母艦大黃蜂號起飛，進行一場大膽的奇襲——對日本本土進行轟炸。此次的作戰目的在於給當時連戰連勝的日本帶來震撼，並希望藉此鼓舞美國民眾的士氣。由杜立德中校率領的16架轟炸機在東京、橫濱、名古屋和神戶投下炸彈後，飛往中國大陸。儘管最後飛機都不得不緊急迫降，或是讓飛行員跳傘逃生，但行動還是圓滿完成。

「感覺像是從陸地起飛一樣，
這樣應該安心了吧。」

航空母艦大黃蜂號和B-25轟炸機

航空母艦上的艦載機無法達到足夠的航程，因此這次的作戰使用的是陸軍的B-25轟炸機。另一個原因是，僅有陸軍的B-25轟炸機具備從航空母艦的飛行甲板上起飛的能力。

杜立德空襲之影響

杜立德空襲的成功給日本國民和軍方帶來巨大的震撼，當時籌備中的中途島作戰和阿留申作戰只由海軍單獨負責，但為了防止美軍在未來進行類似的空襲，日本認為有必要將警戒線推到北太平洋的中途島和阿留申群島，換句話說，他們認為必需佔領這兩個島嶼。基於這些考量，陸軍在杜立德空襲後的4月21日，一改之前的態度，決定向這兩個地區調派陸軍部隊。

珊瑚海海戰 （1942年5月4日～8日）

1942年5月上旬，為了支援攻佔新幾內亞的東部要塞——摩斯比港，航空母艦機動部隊（MO機動部隊※）與試圖阻止他們的美國海軍展開了一場大規模的海戰，即珊瑚海海戰，是史上首次的機動部隊之間的海戰。

※摩斯比港攻佔計畫，稱為「MO作戰」，參與的部隊有MO攻略部隊和MO機動部隊。

蜻蜓釣魚
「加油，把它釣上來！」

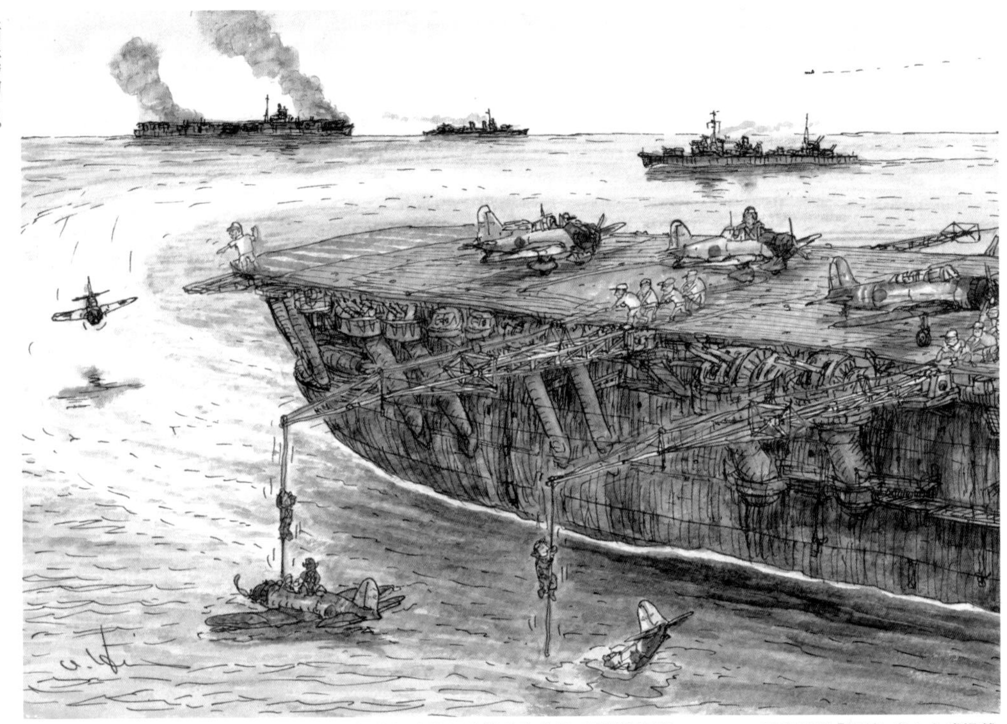

航空母艦的甲板十分脆弱，一旦遭受炸彈攻擊就無法進行戰機的降落了。珊瑚海海戰中，航空母艦「翔鶴」的甲板遭受攻擊且受損嚴重，原本計劃降落在「翔鶴」上的返航機不得不改降在「瑞鶴」。而所謂的「蜻蜓釣魚」是指在航空母艦上發生著艦失敗後，艦載機及機組人員不得不在海上進行緊急著陸，再由隨同的驅逐艦進行救援。

航空母艦「翔鶴」和九九式艦載轟炸機、九七式艦載攻擊機

珊瑚海海戰的戰果和損害

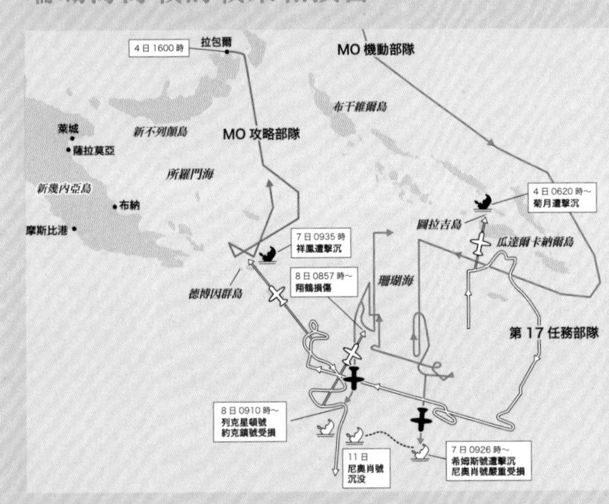

在這場海戰中，日本出動了「翔鶴」「瑞鶴」和「祥鳳」三艘航空母艦，而美軍則有「列克星頓」和「約克鎮」兩艘航空母艦參與。雙方遭遇後，相互派出攻擊隊進行母艦攻擊。造成日美雙方各有一艘航空母艦被擊沉，一艘航空母艦的飛行甲板遭到破壞，可以說是雙方損失相當。然而，從作戰目的——阻礙日軍的部署來看，這場戰鬥可以視為是美方獲勝。

珊瑚海海戰圖。戰鬥始於1942年5月7日，首先，從航空母艦「列克星頓」和「約克鎮」起飛的攻擊隊擊沉了MO攻略部隊的航空母艦「祥鳳」。次日，於清晨的索敵後，日美雙方的機動部隊相繼派出攻擊隊。「翔鶴」和「約克鎮」的飛行甲板受損，而「列克星頓」在被魚雷擊中後因汽油泄漏而起火，最後被驅逐艦的魚雷擊沉。此外，美方還失去了驅逐艦「希姆斯」，以及油船「尼奧肖號」也被擊沉。

中途島悲劇 （1942年6月5日～7日）

1942年5月末，以「赤城」「加賀」等4艘航空母艦為中心的機動部隊和擁有「大和」戰艦的艦隊，出動支援陸軍佔領中途島，企圖誘出美國艦隊進行殲滅性的攻擊。但這一行動被美軍所洞悉，日本可以說是中了埋伏。在與美國航空母艦的戰鬥中，「飛龍」最終還是取得了一些戰果，但最終還是一口氣失去了4艘航空母艦，遭遇了重大的失敗。

「哇哦！我們受到歡迎了！」

九九式艦上爆擊機

根據破譯的密碼，美軍察覺到日軍的行動，因此提前加強了中途島的防禦能力。前往中途島的日本攻擊隊認為單次的攻擊成效不佳，判斷需要進行第二次的攻擊。

中途島作戰的2個目標

中途島作戰的目的是攻佔中途島並摧毀美國艦隊。起初是由海軍單獨作戰，隨後日本陸軍也加入戰局。由於參與的部隊並沒有充分了解應該以哪一個為優先目標，因此在作戰初期出現一定程度的混亂。這對日本在海戰爆發後的作戰指揮產生了不良的影響。

作為主力的第一機動部隊將4艘航空母艦上的艦載機分為2個隊伍。一個負責攻擊中途島上的美軍飛行基地和地面設施（第一次攻擊隊），另一個則負責在第一次攻擊後、戰果不足時發動第二次攻擊，或是在發現美國艦隊時，對其發動攻擊。

那麼，如果第一次攻擊的效果不佳，同時美國艦隊（機動部隊）也發起進攻的話，該怎麼辦？對戰況的判斷，將對作戰結果產生重大的影響。

「如果現在，敵人發動攻擊的話……啊！」

九七式艦上攻擊機、SBD無畏式俯衝轟炸機（左上）

根據第一次攻擊隊的要求，正將艦載攻擊機的搭載武裝從魚雷換成炸彈，突然收到了「發現美國航空母艦」的報告，又再次將武裝換回魚雷。正在進行作業時又花費了一些時間……

「命運的5分鐘」

日本航空母艦的飛行甲板上，剛剛完成裝備轉換的艦載機整齊排列，攻擊隊的起飛將在5分鐘內結束！就在這時候，美軍的俯衝轟炸機（SBD Dauntless）出現了，被擊中的「赤城」「加賀」和「蒼龍」三艘航空母艦瞬間起火……

這個被稱為「命運的5分鐘」的傳說，出自美國戰史學家沃爾特·羅德的著作《逆轉》（Incredible Victory, 1967年）和電影《中途島》（1976年，美國）等作品而聞名。但根據時間軸的考證以及參與海戰的機組人員證詞等資料，已被否定。

事實上在各艦受到攻擊時，飛行甲板上只有3架左右的零戰（航空母艦「赤城」上），以及等待起飛的約10架九七式艦上轟炸機（航空母艦「蒼龍」上），大部分的艦載轟炸機和攻擊機都在機庫內進行裝備轉換。一位「赤城」上的攻擊機小隊士官表示：「所謂的5分鐘是指裝備轉換還需要5分鐘才能完成，要起飛至少需要30分鐘的準備」。

「來人！
快去把那個大紅色的圓圈抹掉！」

空母「飛龍」(前方)和「蒼龍」(左後方)

「赤城」「加賀」「蒼龍」和「飛龍」這4艘航空母艦為了方便從空中識別，特意在飛行甲板前部繪製了特大號的日本旗，然而這醒目的日本旗反而巧妙地成了美軍艦載轟炸機的瞄準目標。這也是日本海軍的驕傲和自滿所導致的。

中途島海戰的進展

1942年6月5日0722時左右，美國航空母艦「企業號」和「約克鎮號」的艦載轟炸機隊發動攻擊，直擊日本第一運動部隊的航空母艦「赤城」「加賀」和「蒼龍」，三艘航空母艦相繼被命中、起火，喪失了作戰能力。僅存的「飛龍」在0758時和1031時發動了第一次和第二次攻擊，重創了「約克鎮號」，但在準備第三次攻擊時於1358時遭到攻擊而受損。最終，「加賀」「蒼龍」沉沒，而「赤城」和「飛龍」被被下令棄船自沉。

另外，因嚴重損壞而無法航行的「約克鎮號」在進行修復作業時遭到伊號第168潛艇的魚雷攻擊，最終沉沒。

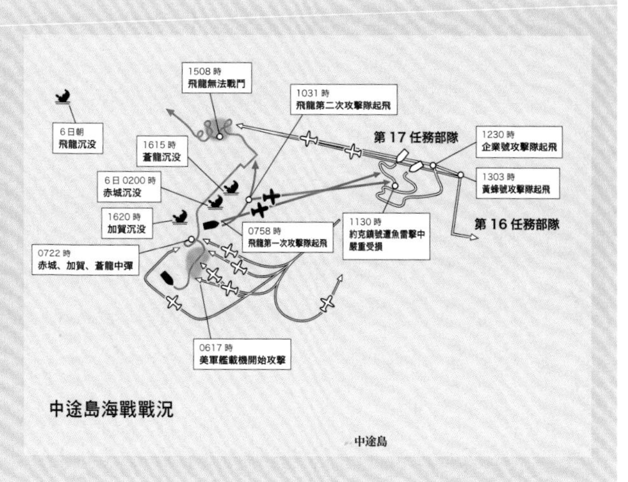

中途島海戰戰況

當航空母艦相繼被擊沉時，失去了母艦的艦載機不得不因燃料耗盡而被迫緊急降落。裝有浮筏的水上飛機則能安全地在海上降落並返回母艦。

零式水上偵察機

即使已經下達棄艦命令，但還是必須先確保天皇的照片和軍艦旗已經安全撤離。這就是那樣的時代，那樣的軍隊。

中途島海戰的結果和影響

在中途島海戰中，日本遭受了重大損失，失去了價值連城的空母4艘、重巡洋艦1艘，以及285架艦載機。更糟糕的是，失去了許多資深飛行員，這標誌著海軍式微的開始。另一方面，美國雖然也損失了一艘航空母艦、一艘驅逐艦，以及約150架的艦載機和中途島上的陸軍飛機；但卻完全摧毀了日本的作戰目標——佔領中途島和消滅美國艦隊，在戰略上可以說是完全勝利。

中途島的重大損失讓日本海軍不得不重新審視原本的攻勢作戰計劃。此外，為了彌補艦隊空中力量的不足，將不得不對其他艦種進行改造，以替代航空母艦，這對艦隊的整備帶來了重大的變革。

伊號潛艦之戰

太平洋戰爭爆發時，日本擁有世界頂尖的潛艇戰力。其中，大型伊號潛艇被認為是未來艦隊決戰的先鋒。然而，隨著戰爭爆發，海軍過分依賴潛艇的隱密性，在索敵、運輸、對德交流等各種作戰中大量投入潛艇，結果卻無謂地減少了潛艇的數量。因此，後來受到批評，認為應當專注於商船的破壞任務上。

「敵方戰鬥機正在追擊」
「因為航空母艦沉沒了」

伊號第十九潛艇（巡潛乙型）、航空母艦「瓦斯普」和F4F艦載戰鬥機（同樣在左後方）。

進入前線的潛艇經常能捕獲重要目標。然而，到了戰爭後期，這樣的機會逐漸減少了。

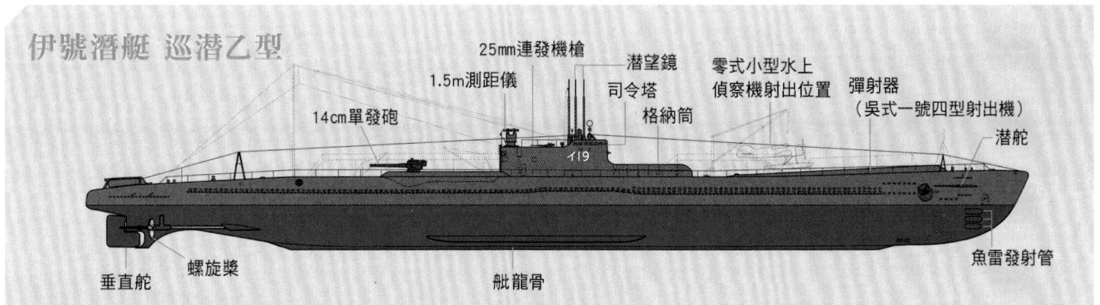

上圖為巡潛乙型的伊號第十九潛艇。同艦於1942年9月15日在所羅門群島東南海域，以魚雷擊沉了美軍的航空母艦「瓦斯普」和驅逐艦「奧布賴恩」，並對戰艦「北卡羅來納」造成了損害，取得了重大的戰果（圖片：田村紀雄）。

【資料】常備排水量2,584噸（水上）、3,654噸（水下）／全長108.7米／全幅9.30米／吃水5.14米／輸出功率12,400匹馬力（水上）、2,000匹馬力（水下）／速度23.6節（水上）、8節（水下）／續航力16節，航行14,000海浬（水上）、3節，航行96海浬（水下）／主要武裝：艦首的53cm魚雷發射管6座，共搭載17枚魚雷，以及單裝14cm砲1門、連裝25mm機槍1座／船員94名。

「日本的潛艇只瞄準軍艦。」

自由船（美國的戰時運輸船）

美軍的潛艇一方面根據情報進行埋伏並攻擊日本艦隊，也進行了徹底的通商破壞，而日本則在這兩方面都未能有所建樹。

日本潛艇和通商破壞

在太平洋戰爭中，由於潛艇被視為是艦隊決戰的輔助力量和先鋒，並未廣泛用於通商破壞。從戰爭初期到1942年6月左右，潛艇進入北美大陸西岸和非洲大陸東岸，對多國的商船進行通商破壞，受損船艦近20萬噸。然而，隨著戰局的惡化，潛艇開始專注於襲擊軍艦，通商破壞每季超過10萬噸的情況變得相當罕見。

除了上述原因外，還有其他因素導致通商破壞的有效性受到質疑，特別是對於英美兩國的通商破壞。此外，珍貴的魚雷不宜輕易用於商船，也是其中一個原因。

美國驅逐艦的戰鬥

美國憑藉著龐大的工業生產力建造了大量的戰艦和航空母艦，大大強化了戰鬥力。然而，這些戰艦和航空母艦之所以能夠發揮作用，全仰賴於支援的驅逐艦。在瓜達爾卡納爾島，驅逐艦成為戰艦的盾牌；在沖繩則成了航空母艦的護衛，並參與反潛作戰。或許在整個大戰期間，驅逐艦是水手展現最高技藝的艦種。

「選擇驅逐艦真是太好了」

一旦被驅逐艦上的魚雷擊中，就能就會沉沒。但由於深度調整或是引信故障，也有可能僥倖逃過一劫。

「航空母艦真是不怕海浪啊」

弗萊徹級驅逐艦（前方），航空母艦「企業號」（後方）

在太平洋上，波浪的間隔約為150米。長約120米的驅逐艦在波浪中上下顛簸，十分艱難，但長達250米的航空母艦卻能輕鬆航行。

弗萊徹級驅逐艦

這是美國在第二次世界大戰中大量生產的驅逐艦。憑藉著武裝和速度上的平衡表現，在各個戰線上都有出色戰果；也是美國服役數量最多的驅逐艦艦級。1942～1944間共建造了175艘，戰後仍是一款優秀的艦艇，被各國廣泛使用。

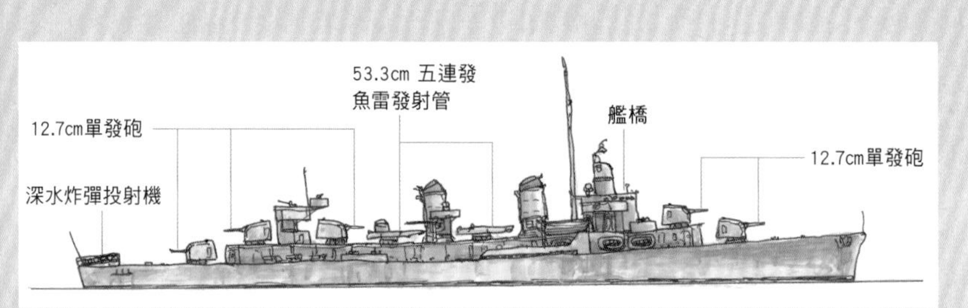

【數據】標準排水量2,050噸／全長114.8米／寬12.0米／吃水5.3米／輸出功率60,000匹馬力／時速36.5節／航程15節時5,500海浬
主要武裝：12.7cm單裝炮5門、40cm連裝機槍5座、20cm單裝機槍6座、53.3cm 五連裝魚雷發射管2座、深水炸彈投射器6座／船員329名

「哈哈哈，你們艦上的剩飯似乎不太受歡迎啊。
是不是特別難吃啊？」

長途航行中的唯一樂趣就是用餐。美味的飯菜對船員的士氣有著巨大的影響。

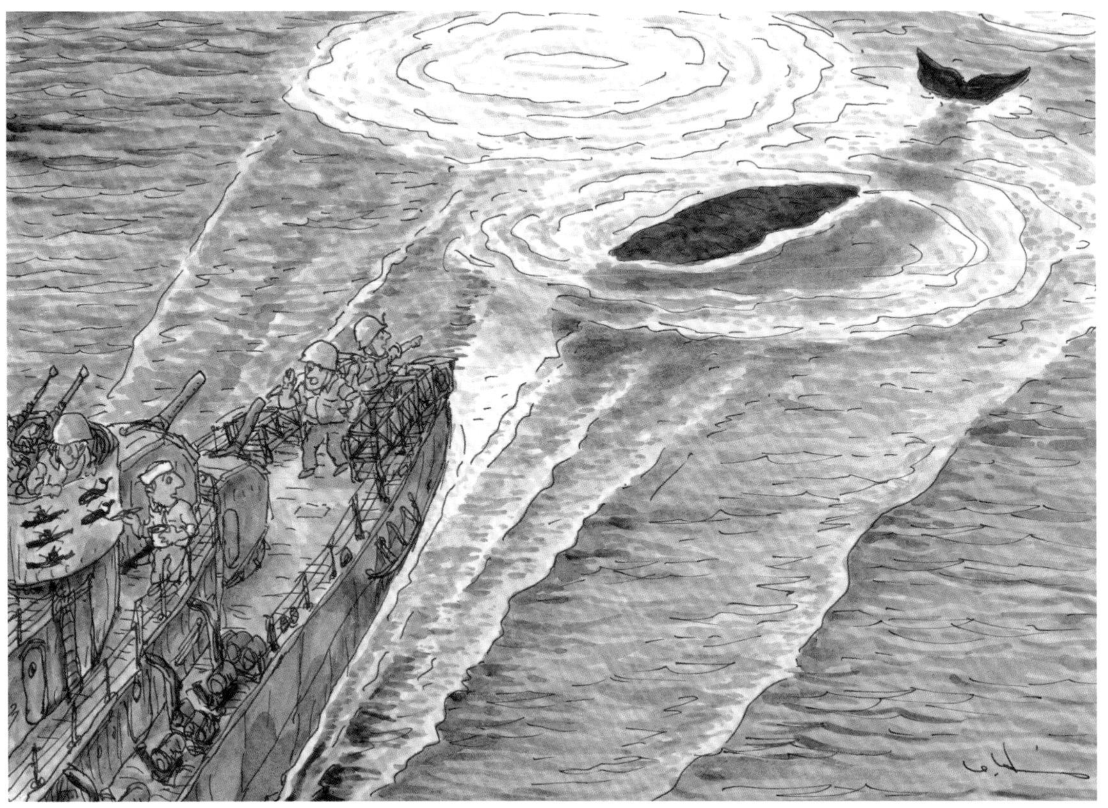

「今天……深水炸彈的投放成果是一頭鯨魚。」

有些鯨魚因為主動聲納系統或深水炸彈的投放而喪生。

所羅門海戰 （1942～1943年）

1942年夏天，日美兩國在瓜達爾卡納爾島的戰鬥引發了多次水面艦艇間的炮擊。在這一系列的海戰中，戰艦、巡洋艦和驅逐艦以大砲和魚雷相互攻擊。日本海軍以其優秀的夜戰技術取得勝利，多次痛擊美國海軍；但隨著美軍逐漸掌握了雷達射擊技術，日本開始受到壓倒。許多日美的艦艇長眠於此，這片海域被稱為「鐵底海峽」。

1942年3月，日軍攻佔爪哇島，實現了最初的目標，即確保南方資源地區，以及荷屬東印度軍團※無條件投降。接著，日軍將目標指向東新幾內亞和所羅門群島，並在那裡修築防禦工事，以阻止美國和澳大利亞建立聯合體制。同年8月，美軍對所羅門群島中的瓜達爾卡納爾島發起進攻，成了接下來一年中多次海戰的開端。

※指駐紮在荷屬東印度（現今印尼）的殖民地軍團。

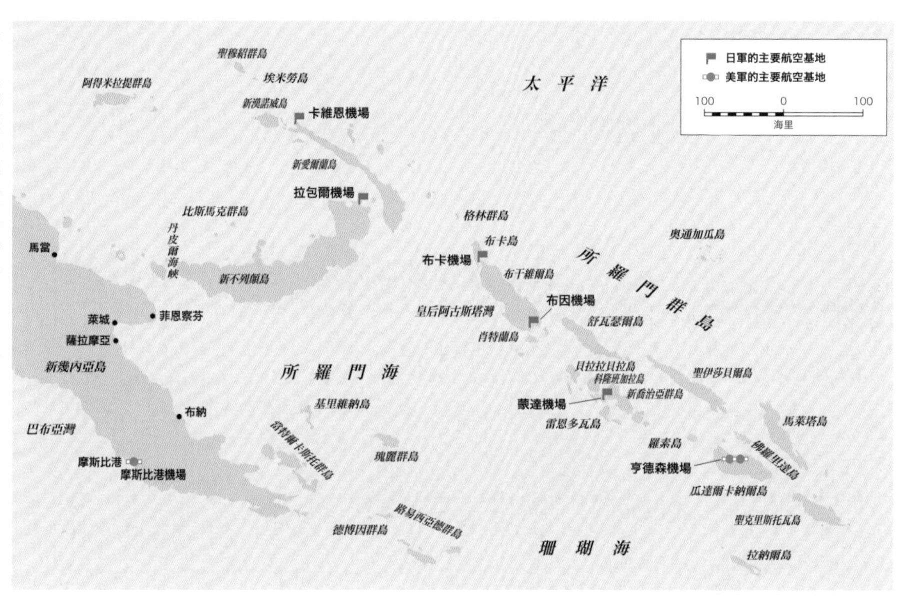

這不是時髦，而是為了準備夜戰而戴的。

日本驅逐艦進行夜戰訓練是基於一項計劃，該計劃旨在艦隊決戰中，趁夜間接近並以魚雷擊沉敵方主力艦。

陽炎型驅逐艦

「為了夜戰畫上鰻魚吧」

九三式魚雷

吃鰻魚被認為可以提高夜間視力，因此夜間戰鬥機飛行員特別喜歡吃鰻魚。

日本海軍的氧氣魚雷

太平洋戰爭期間，日本海軍所使用的九三式魚雷和九五式魚雷均為氧氣魚雷。氧氣魚雷是一種以純氧作為推進劑的魚雷，其特點是發射後不會留下航跡（即不容易被敵艦發現）。相較於使用壓縮空氣或電動馬達來驅動推進劑的傳統型魚雷，氧氣魚雷在射程、速度和威力上均具有優勢，且只有日本成功實用化。英美的艦艇並未採用。另外，九三式魚雷適用於巡洋艦和驅逐艦，而九五式魚雷則適用於潛艇。

「趁著敵艦還在明亮的大火中，
趕緊發射下一枚魚雷！」

陽炎型驅逐艦

裝備了魚雷連續裝填裝置是日本驅逐艦的特點。在魚雷發射後可以立即發射下一枚，許多美軍艦艇都曾因這種魚雷而遭受嚴重損傷。

陽炎型驅逐艦

陽炎型驅逐艦是在太平洋戰爭爆發前建造的高速重武裝艦隊型驅逐艦，是戰爭期間整個水雷戰隊的核心。右圖是1943年7月在科隆巴加拉島夜戰等戰鬥中，相當活躍的陽炎型驅逐艦「雪風」。
（圖片：田村紀雄）

61cm四連發魚雷發射管
前檣
12.7cm連發砲
後檣
25mm連發機槍
艦橋
12.7cm連發砲
深水炸彈投射機
ゼカキユ

【數據】標準排水量2,033噸／全長118.5米／寬10.8米／吃水3.8米／輸出功率52,000匹馬力／時速35節／以18節速度航行5,000浬／
主要武裝：12.7cm連裝砲3座、25cm連裝機槍2座、61cm四連裝魚雷發射管2座、深水炸彈投射機1座以及深水炸彈36枚／船員239名

「對於敵方的魚雷艇來說，
　　　我們也是巨艦」

美軍利用所羅門海的多島地形，部署了大量的魚雷艇（PT艇），給日軍帶來不少困擾。年輕時的肯尼迪總統也曾擔任過魚雷艇的艇長，這片海域也見證了該艇的沉沒。

驅逐艦「天霧」和魚雷艇的碰撞

1943年8月2日凌晨2時左右，驅逐艦「天霧」完成對所羅門群島科隆巴加拉島的運輸任務後，在吉爾伯特群島附近航行時，與正在該海域執行巡邏任務的美軍魚雷艇PT-109近距離相遇。經判斷無法避免後，「天霧」決定對PT-109進行撞擊，導致PT-109船體碎裂並沉沒。

這次撞擊使「天霧」的艦首受損，但並未對航行造成影響，也沒有船員傷亡。另一方面，PT-109上的13名船員全被拋入海中，其中11人獲救。在這次奇蹟般的生還中，當時擔任PT-109艇長的約翰·F·甘迺迪中尉後來成了美國第35任總統。

驅逐艦「天霧」與PT-109相撞時的航跡。PT艇中的「PT」代表Patrol Torpedo，直譯是「哨戒魚雷艇」。（地圖：Philg88）

「多美啊，好美啊！
比起兩國的煙火還要美呢」

戰艦「榛名」

在瓜達爾卡納爾島的攻防戰中，美軍占領了亨德森飛行場，爆發了激烈的戰鬥。除了飛機的攻擊外，還相互進行了戰艦和重巡洋艦的炮擊。特別是由戰艦發射的三式彈轟炸，不僅外觀華麗，效果也非常出色。

「三式彈」是什麼？

三式彈（正式名稱為三式通常彈）是日本為戰艦和巡洋艦的主砲所開發的防空砲彈，屬於焚燒彈類。彈頭內充填了多枚燒夷彈，爆炸後四面飛散，可將整個敵機編隊一網打盡。引信可使用定時和即時引信。

除了防空用途外，1942年10月13日至次日清晨，以戰艦「金剛」和「榛名」為主力的第二次突擊隊對瓜達爾卡納爾島上的亨德森機場進行的炮擊，共發射了104發三式彈，造成燃料儲存槽起火的重大損害。

「擊沉那些魚雷艇
也算的戰果嗎？」

戰艦「霧島」（左後方）、魚雷艇（PT快艇）

為了對抗日本戰艦的射擊，美軍也調派艦隊展開多次的激烈海戰。美國不僅派遣了新型戰艦，還以運輸船運送了大量的魚雷艇。機場也得到防護上的加強，日軍在陸海空方面承受著巨大的消耗，最終不得不從瓜達爾卡納爾島撤退。

「三式彈對戰艦沒效，只是漂亮而已」

日本準備以三式彈焚燒遭美軍佔領的瓜達爾卡納爾島機場時，卻突然遭遇美國戰艦的雷達射擊。這種日美雙方都沒有意料到海戰，一直不斷地重演。

美國戰艦的雷達射擊

美國海軍戰艦進行雷達射擊的實例包括1942年11月14日晚的第三次所羅門海戰，當時的「華盛頓」戰艦對日本的「霧島」戰艦進行了雷達射擊，這次的射擊非常著名（之後「霧島」沉沒了）。在這次作戰中，僅將當年制式化的SG雷達用於測距，尚未用於索敵。

至於在索敵和射擊指揮中使用雷達的例子則有1944年10月25日的蘇里高海峽海戰，當時有6艘美國戰艦對「山城」戰艦進行了雷達射擊（「山城」也沉沒了）。順帶一提，這場海戰是史上最後一次戰艦之間的砲擊戰。

往南洋群島運輸

在太平洋戰爭期間，日本陸軍嘗試將成千上萬的士兵運送到已成為戰場的島嶼，像是：瓜達爾卡納爾、新幾內亞和菲律賓等地。對美國來說，這些裝滿人員和武器的運輸船是絕佳的獵物。但重視艦隊決戰的日本海軍卻不知該如何保護這些運輸船。這些滿載著士兵和裝備的運輸船接連遭到美軍潛艇和轟炸機的攻擊，有時甚至連敵人都沒來得及看到就已經成為海上浮屍了。

這是堂堂的運輸船
「這麼濃的煙，畫再多的迷彩也騙不了人吧！」

質量不佳的重油、煤炭等燃料讓運輸船的煙囪冒出大量的黑煙，其位置遠遠就能看見。

遠方的鳥山
「那些鳥下面有日本運輸船」

加托級潛艇

載著成千上萬士兵的運輸船在甲板上設置臨時廁所，將排泄物直接排入海中，這是形成鳥山的原因。所謂的鳥山是指海鷗、海燕等的海鳥聚集在靠近海面的地方，以捕食水面下的魚群，通常出現在魚群聚集的地方。

跳彈轟炸
「哇！
當我還是個孩子的時候，我也擅長這個」

一方面害怕敵人的潛艇出現在沿岸，一方面又正遭受低空轟炸機B-25的襲擊。跳彈轟炸（Skip Bombing）是一種轟炸方法，在目標前方投下炸彈，讓它在水面上像石頭般的彈跳，以此來攻擊目標。在太平洋戰場上，美軍的B-25轟炸機常常使用這種方式，這種攻擊方式也稱為「反彈炸彈」或「跳躍炸彈」。

「什麼！食物和彈藥都在船上！」

運輸船的船長經常會試著將船擱淺在海岸上，以避免被擊沉，並試圖拯救船上的士兵。但這種情況下，當地駐軍最渴望的食物和彈藥往往都被留在船上。

「這艘運輸船的價值不菲啊！」

陽炎型驅逐艦

美軍在奪取制空權後，導致日本無法對瓜達爾卡納爾島進行補給，只能靠高速驅逐艦將裝有食物和彈藥的油桶，拋入瓜島沿岸的海中，勉強維持補給。

「鼠輸送」和「東京急行」

以驅逐艦運輸補給物資到瓜達爾卡納爾島的任務，主要在夜間進行，以躲避美軍的警戒；因此前線部隊戲稱其為「鼠輸送」。另一方面，美軍則因為日本驅逐艦排成一列高速航行的模樣，將這種補給行動稱為「東京急行」，並積極地加以瞄準。

「我們是客貨兩用船嗎？」

伊號第百七十六潛艇（海大七型）

由於其隱密性，潛艇經常被寄予過高的期望。事實上，除了擊沉敵艦外，潛艇還成功完成了向瓜達爾卡納爾島運送物資等重要的作戰任務，這些成就並未在擊沉敵艦的數字中體現出來。

意外地多？　潛艇的運輸量

對瓜達爾卡納爾島進行物資補給的方式，有人們熟知的驅逐艦「鼠輸送」；但還有一種觀點認為，以潛艇進行的「土龍輸送」其整體運輸量更為龐大。

據陸軍第十七軍的財務部長住谷悌史少將在戰時整理的《瓜島作戰的教訓》記載，到昭和17年（1942年）11月30日為止，按艦種區分的運輸量，驅逐艦為212噸，而潛艇則為288噸。同年12月後，情況更加緊迫，驅逐艦的運輸量為149噸，而潛艇則為223噸，潛艇的運輸量約為驅逐艦的1.5倍。

造成這種情況的原因有：①鼠輸送是每隔數日一次，每次投入多艘驅逐艦，而土龍輸送則是連續幾天持續進行；②投入鼠輸送任務中的驅逐艦只負責警戒（不攜帶油桶）的數量逐漸增加。

「正被雷達掃描著！」

伊號第三百七十潛艇（潛丁型、昭和20年1月改造為「回天」搭載艦）
大戰後期甚至製造了專門用於將物資運輸到離島的潛艇。此外，由於體型較大，也被用作搭載特攻武器「回天」的艦艇。

特攻武器「回天」和潛艇

「回天」是改造自九三式三型魚雷（氧氣魚雷）的特攻武器。單獨使用的話航程太短，因此有超過10艘的伊號潛艇被改裝成可搭載「回天」的艦艇，以便將其運送到目標附近。這些改裝後的潛艇在1944年秋季投入戰鬥，同年11月20日首次取得戰果，擊沉了停泊在烏魯斯伊海軍基地的加油艦「密西西尼瓦」。

1945年，編成了多支裝備「回天」的特攻隊，將目標對準運送士兵和物資到硫磺島和沖繩的船隊。然而，大多數的「回天」在發射前就被護航的航空母艦或驅逐艦發現，並被擊沉，未能取得顯著的戰果。

陸軍船舶兵的奮戰

日本陸軍為了應對在中國戰線的登陸戰和渡河作戰，率先研發了特殊的登陸艇和揚陸艦，並成立了專門的船舶工兵（後來更名為船舶兵）部隊。除了小型的舟艇外，甚至還自行裝備了反潛用航空母艦和運輸用潛艇。

「在河裡反而更顯眼吧？」

裝甲艇（排水量17.5噸，武裝為57mm坦克砲×1，7.7mm機槍×2）

為了進行渡河作戰和河岸警備，裝甲艇配備了坦克炮。

「12英寸炮對軍艦來說可能只是豆砲，
但對我們來說可就是120㎜砲了！」

驅逐艦「疾風」

在進行登陸作戰時，常常可以看到在陸軍登陸前，海軍的驅逐艦會先進行炮擊，以摧毀島上的炮台和陣地。

「斬馬刀嗎？」

PT艇（左）、武裝大發（右）

南方戰線上，大發動艇（登陸艇）被廣泛用於島嶼防衛。由於經常發生與美軍驅逐艦、魚雷艇之間的小規模衝突，因此出現了裝備重機槍和大砲的武裝大發。

「為什麼海軍要用坦克，
我們卻要用船去攻擊呢？」

特二式內火艇（後方2輛）、四式肉薄攻擊艇（前方）

1944年10月在菲律賓戰役中，海軍使用特二式內火艇（水陸兩用戰車），陸軍則使用四式肉薄攻擊艇（代號為連絡艇，通稱為「馬爾雷」）對美軍進行反擊。

「喂！島嶼正朝我軍靠近！」

L-5 哨兵連絡偵察機（左上）、四式肉薄攻擊艇（右下）。

運送到菲律賓的四式肉薄攻擊艇，由於被徹底隱藏，再加上奇襲的緣故，雖然只有少量戰果，但仍然取得一定的成效。

「這樣下去我們連盾牌都當不成了嗎？」

陸軍也裝備了自己的護衛艇來保護運輸船，但由於缺乏足夠的反潛武器，最後只能是徒勞無功。

「如果要偽裝的話，
還是變成田地比較有用吧」

特殊船M丙型「熊野丸」（前方）

陸軍為了保護運輸船隊免受美國潛艇的攻擊，特別裝備了自己的航空母艦型特殊船。但在失去制海權和制空權的情況下，無法有效運用，最終只能在瀨戶內海迎接戰爭的終結。

活躍於太平洋上的登陸艇

二戰中，美軍在諾曼地成功地進行了大規模的登陸戰，但在太平洋戰場上的處境卻相當艱難。從所羅門群島開始，接著是菲律賓、塞班島、硫磺島、沖繩，一直到對日本本土的進攻，所有這些都必須依靠登陸艇進行登陸作戰。儘管擁有制空權和強大的艦砲支援，但仍然有許多士兵傷亡。

「喂！如果要吐的話就吐在頭盔裡面！」

中型機動登陸艇LCM（Landing Craft Mechanized）
小型LCM就像空盒子一樣，在太平洋上不停地搖晃著。

「絕對國防圈」和美軍的進攻路線

1944年9月20日的御前會議上，決定了戰爭指導的大綱，其中明確規定在今後的戰爭中，日本必須確實保有太平洋和印度洋地區，也就是俗稱的「絕對國防圈」。而美國則進行南北二路跳島前進的戰略方針。

1944年夏天，尼米茲上將率領的中太平洋艦隊已經攻陷了吉爾伯特群島、馬紹爾群島，並計畫進攻馬里亞納群島、硫磺島和沖繩。麥克阿瑟將軍則率領西南太平洋艦隊向西推進，占領所羅門群島和新幾內亞，並準備攻打菲律賓。美軍這種沿著島嶼跳躍前進的作戰方式，被稱為「島嶼跳躍」或「蛙跳戰術」，而支持此一戰術的關鍵正是各種登陸艇的出色表現。

「這是日軍的地道作戰！奮勇 抵抗吧！」

中型之揚陸艦LSM(Landing Ship Medium)

日軍挖掘地道，發動突襲，這種戰術讓美軍措手不及，看起來非常有效。

未爆彈「41公分！愛荷華級的戰艦啊」

失去制海權和制空權的日本島嶼，遭受美軍的猛烈轟擊。然而，與美軍預期的相反，日軍在硫磺島和沖繩等洞穴陣地中展開了激烈的抵抗，對登陸的美軍造成巨大的傷亡。

戰艦「愛荷華」（左後方），九七式中戰車改（新砲塔千葉）

「靠近後再進行攻擊！」

起初，日軍採取在岸邊擊退登陸美軍的戰術，但後來逐漸轉變為先讓美軍登陸，再逐步消耗美軍戰力的戰術。

「增加火力！我們借用兩個人！」

LCM雖小，但不僅可以載運步兵，還可以裝載一輛M4謝爾曼中型坦克。

「去程一輛，回程兩輛」

日本的九五式輕戰車裝載在LCM上（左），M4謝爾曼中型戰車裝載在LCM上（右上）。

登陸後，美國士兵競相收集戰場上的戰利品，據說他們的收集對象有日本軍刀、手槍、國旗，甚至還會把日本士兵的頭骨作為紀念品。

代替正規航母？

「這不是航空戰艦，而是防空戰艦！」

航空戰艦「伊勢」

在中途島海戰中，日本失去了4艘航空母艦，造成空中力量嚴重不足。為彌補此一缺陷，日本將「伊勢」和「日向」改裝成為獨特的航空戰艦。雖與原先的設想有所不同，但因這兩艘戰艦裝備了大量的對空火力，反而展現出強大的防空能力。1945年2月，它們成功地執行了將南方物資運回日本的「北號作戰」。

「喂！你在做什麼啊？」

相對於日本，美軍建造了許多正規航空母艦，也大量建造改裝自商船的廉價護衛航空母艦。

卡薩布蘭卡級護衛航空母艦、F4U飛梭式戰鬥機

神風特攻隊

著艦失敗？

「我們已經對神風特攻隊採取了應對措施，這點小事不算什麼！」

艾塞克斯級正規航空母艦，F6F地獄貓艦載戰鬥機（前左），零式艦載戰鬥機五二型（後右）

美國的正規航空母艦具有優越的防禦能力，再加上卓越的損害控制力，使其在戰爭後期變得很難擊沉。

「不要過來啦！」

美國航空母艦周圍配置了大量的驅逐艦作為防空護衛，這讓日本的特攻機很難接近。

雷達警戒艦（後方）、掛載炸彈的零式艦載戰鬥機（前方）。

坊之岬海戰 （1945年4月7日）

1945年4月6日，保留在內地的「大和」戰艦只帶著少量船員便前往沖繩迎戰。這是為了實施「天一號作戰」，希望「大和」能成為「一億總特攻的先鋒」。即使幸運地抵達沖繩，也要將其擱淺並改裝成陸上砲台，這真是一個荒謬的作戰計劃。

「聽好了，可怕的是這些25㎜機槍，別擔心那些大砲！」

在進行「天一號作戰」時，「大和」在1945年1月進行了最後一次的改裝，進一步增加了防空武裝，就像刺蝟一樣裝備了25㎜連裝機槍和單裝機槍。比起「大和」的主炮和高射炮，美軍航空母艦上的機組人員更懼怕這些25㎜機槍。

「大和」戰艦

這是軍艦史上最大的戰艦，搭載了9門46cm炮，並擁有極其堅固的防禦裝甲。於1941年12月16日完工，但很少出現在前線，因其良好的居住性而被戲稱為「大和飯店」。1945年4月6日，她率領第一遊擊隊出擊，前往支援戰鬥激烈的沖繩。（圖片：田村紀雄）

【最終數據】標準排水量64,000噸／全長263.0米／寬38.9米／吃水10.4米／動力153,553匹馬力／速度27.5節／航程16節時7,200浬／武裝46cm三聯裝炮3座、15.5cm三聯裝炮2座、12.7cm連裝高角炮12座24門、25㎜三聯裝機槍52座156挺、25㎜單裝機槍6挺／裝甲側面410+15㎜、甲板200～230㎜、炮塔前盾660㎜、炮塔頂罩270㎜／船員3,332名

對空訓練 「最後的指望竟是步槍」

九六式二十五粍三聯裝機槍(左)、九九式短小槍(右)

大和號的3,300名乘員原本計劃在登陸沖繩後組成陸戰隊參與戰鬥，他們所持有的九九式短小步槍上裝有防空瞄準器。

「單程燃料」的真相

由於特攻作戰的性質，聯合艦隊司令部的指示是讓大和號只搭載足夠單程航行的燃料。然而，德山的燃料廠卻採取了超載燃料的措施，最終大和號裝載了約4,000噸的重油，相當於滿載量的約三分之二，這足夠讓大和號以24節的速度往返德山和沖繩(約2,000公里)。這一點在戰鬥報告和倖存的船員證詞中都得到了證實。

另一方面，駐守於吳的聯合艦隊參謀向上級報告說：大和完成了「預定」的燃料裝載。因此，大本營和聯合艦隊司令部始終都認為，大和號在出發時只裝載了單程航行所需要的燃料。

「甲板清理完畢！魚雷攻擊隊可以慢慢來。」

SB2C Hell Diver 艦載轟炸機

從航空母艦起飛的艦載戰鬥機和艦載轟炸機，以炸彈、火箭彈和機槍掃射，徹底摧毀了大和號甲板上的對空武器。

「魚雷縱貫攻擊大成功！」

TBF/TBM復仇者艦載雷擊機

魚雷轟炸機發出的魚雷集中命中大和號的左舷，大量的海水湧入船艙。

「明明已經傾向左邊了，如果右邊再被魚雷擊中，不就能回到原位了嗎？」

TBF/TBM復仇者式艦載轟炸機

為了保持平衡，左傾的大和號故意操縱船艦讓魚雷擊中右舷。但結果卻是擊中右舷的魚雷引發了巨大爆炸，大和號沉沒。

坊之岬海戰的進展

1945年4月6日1520時，包括「大和」戰艦在內，由10艘船艦組成的第一遊擊部隊離開德山，前往沖繩。這支部隊的行動在4月7日0823時就被美軍發現，美軍第58任務部隊（機動部隊）派出航空母艦機群多次攻擊。有5～7枚炸彈、10～14枚魚雷（有不同說法）命中大和號，於7日1423時左舷傾斜並翻覆，主砲彈藥引發大爆炸後沉沒。第一遊擊部隊中，除了「大和」外，還有輕巡洋艦「矢矧」和4艘驅逐艦被擊沉，這次作戰以完全失敗告終。

在這場海戰中，日本共有3,721人陣亡，「大和」的3,332名船員有2,740人與戰艦一同沉沒。而美軍僅損失10 架艦載機。「大和」的沉沒象徵了航空母艦的優勢以及戰艦時代的終結。

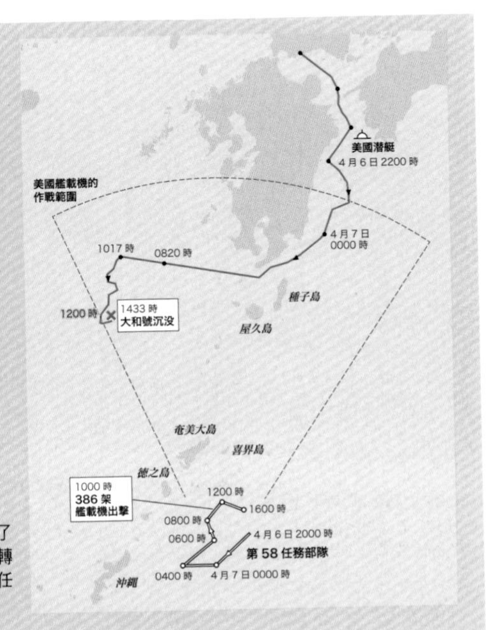

坊之岬沖海戰的戰況圖。從德山出發的第一遊擊部隊為了隱藏前往沖繩的意圖，先是改變航向往西前進，後來再轉向西南方向。然而，美軍很早就察覺到這個動向了，第58任務部隊的航空母艦發動386架艦載機，全面出擊迎戰。

第6章

核動力與先進技術的時代

（1960年代～現代）

二戰結束後，美國和蘇聯主導的冷戰時期到來，以原子能為動力的航空母艦和潛艇相繼出現。這些幾乎沒有航程限制的艦艇因為搭載了大量的艦載機，而擁有巨大的攻擊力，甚至具有核攻擊能力。諷刺的是，它們也成為遏止全面戰爭的威懾力量。冷戰末期出現了神盾艦，21世紀有了隱形艦艇，海戰的面貌正在迅速改變中。

美國海軍的福特號航空母艦（前方）和杜魯門號航空母艦在大西洋航行。這兩艘航空母艦都是核動力航空母艦，可以攜帶70架以上的艦載機，單艘航空母艦的戰力超過了一個小國的海軍。

越南戰爭 河川巡邏艇之戰（1965～1975年）

冷戰時代的越南戰爭持續了超過10年，最終以北越的勝利告終。全面介入這場戰爭的美軍在地面戰中飽受越共※的折磨，在湄公河下游三角洲地區的水路上也束手無策。活動在這片三角洲水域的正是美軍的特設河川部隊「棕水海軍」（Brown Water Navy）。

※「越共」是美軍方面的稱呼，正式名稱為南越解放民族戰線。當時的越南分裂為南北兩部分，統一越南成為口號，並在北越（越南民主共和國）的支持下進行了大規模的反美鬥爭。

「空襲了，小心！」

越共善於利用叢林地形，我們根本無法預知他們會從哪個方向發動攻擊。

誘餌作戰

越共挖了無數條的地道，讓美軍頭痛不已。竟然連河裡也有？

「哇，坦克！
　對付坦克的戰鬥，手冊上可沒有！」

越共透過北越得到蘇聯的實質支援，開始裝備蘇聯生產的PT-76（水陸兩用）和T-55等戰車。

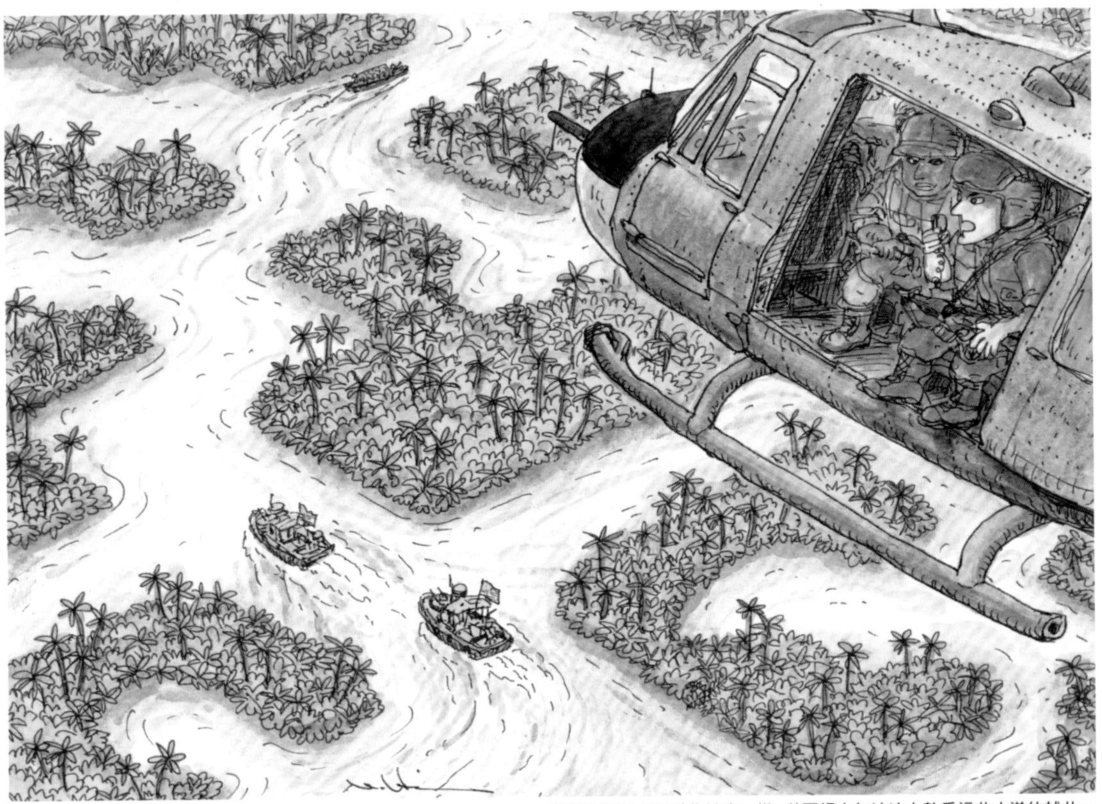

迷路「向右轉那條路」

錯綜複雜的水道就像迷宮一樣，美軍根本無法追上熟悉這些水道的越共。

陷阱 「啊，被抓住了！」

到處都佈滿了游擊戰特有的陷阱，有用鋼絲吊起受害者的網罩，也有底部插滿竹矛等各式各樣的陷阱。

美軍的河川巡邏艇

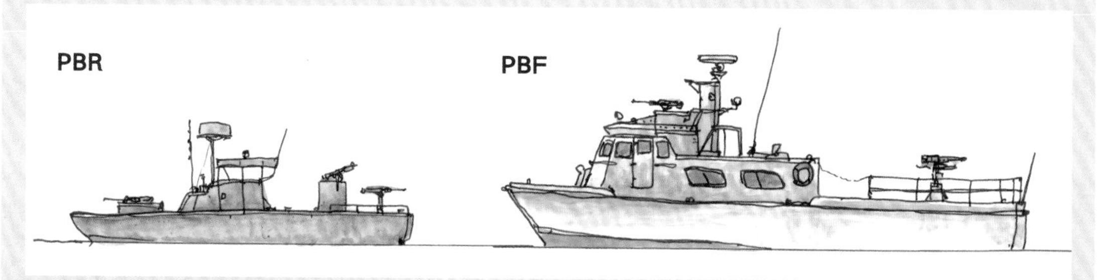

美軍在河川上部署了大小不一的船艇。左上是巡邏艇（PBR, Patrol Boat River），右上是快速巡邏艇（PCF, Patrol Craft Fast）。這些船艇配備了12.7mm機槍和小口徑砲等的武器。

【數據：PBR Mk. II】排水量8.9噸／全長9.8米／全寬3.5米／吃水0.61米／輸出功率180hp×2／速度28.5節／武裝：12.7mm連裝機槍1座，7.62mm機槍1～2門，40mm榴彈發射器1座等／船員4名

核潛艇的無聲之戰 （1960年代～現代）

在二戰後的冷戰格局中，美蘇以核戰爭為前提競相發展軍事力量。其中一個重要關鍵就是搭載核彈的核潛艦，以及用來攻擊它們的潛艦之間的無聲戰爭。

雪仗？
「即使是冷戰，也太冷酷了吧？」

美軍的西北狼級核動力潛艇（前方），
蘇聯的945型（西雅圖級）核動力潛艇（後方）
北極海對於美蘇兩國的潛艦而言是彼此競逐的戰場。

以北極海為舞台的北方艦隊

北極海是以北極為中心，周圍環繞著歐亞大陸、格陵蘭和北美洲等陸地的海域。在冷戰時期，蘇聯佔據了歐亞大陸北部的大部分地區，北極海成了地緣政治和戰略意義上的前沿，是美蘇潛艦活躍的地方。為了加強北極海和巴倫支海的防衛，蘇聯於1933年成立了防衛該地區的北方艦隊。冷戰末期，據稱約有200艘潛艇（包括核動力潛艇）隸屬於北方艦隊。截至2022年，北方艦隊仍是俄羅斯海軍中最為強大的艦隊；以潛艦為主，並擁有巡洋艦、驅逐艦等眾多水面艦艇，甚至還有航空部隊。

北極海周圍的大國和主要軍港、軍事設施所在地的地圖。俄羅斯北方艦隊的司令部位於摩爾曼斯克，阿爾漢格爾斯克也是一個重要的基地。另一方面，雖然美國阿拉斯加的軍事基地：安克雷奇和朱諾並不直接面對北極海，但潛艇可以通過白令海峽進入北極海。（地圖：Tentotwo）

「所以日本應該盡快停止捕鯨！」

美國海軍的富蘭克林級核動力潛艇

在福克蘭群島戰爭中，情況恰恰相反，英國海軍誤將水中的鯨魚當成了阿根廷的潛艇，對其發動了深水炸彈攻擊。

福克蘭群島戰爭中的海戰

1982年5月2日，英國核潛艦「康卡勒」發射魚雷擊沉「貝爾格拉諾將軍號」（圖片：AP通訊）

1982年3月，英國和阿根廷為了爭奪南大西洋上的福克蘭群島主權，爆發了福克蘭群島戰爭。在這場衝突中，英國派遣了包括輕型航空母艦「赫密士」和「無敵號」在內的39艘戰艦前往福克蘭群島周邊海域，並爆發了數場海戰。

較為著名的有：英國核動力潛艦「康卡勒」以魚雷擊沉了阿根廷的巡洋艦「貝爾格拉諾將軍號」；以及阿根廷的超音速攻擊機以艾克索斯反艦導彈擊沉了英國的「謝菲爾德號」驅逐艦。

另外，有個有趣的故事是，據稱英國的「阿拉克利蒂」和「布羅德索德」都曾將鯨魚誤認成潛艦。

「海……別發出聲音！」

美國海軍的海狼級核動力潛艦

在水下，主要的情報來源來自聆聽聲波反射。為了不被探測到，必須完全控制所有聲音。

聲納的種類

聲納是利用水中傳播的聲波，來偵測水中的艦船或魚群；以及獲取水底地形資訊的裝置。在日語稱為「水中聽音機」。

聲納主要分為被動式和主動式二種。被動式聲納專門接收探測目標發出的聲音，測量的是聲音的方向和距離；主動式聲納則會發射聲波，接收反射回來的回音，藉此來測量目標的方向和距離。

潛艇可以採取以下方法來應對聲納：提高潛艇本身的靜音性；以及在船殼進行吸音處理，或是將外型設計成能反射聲波的形狀來對抗主動式聲納。

主動聲納概念圖

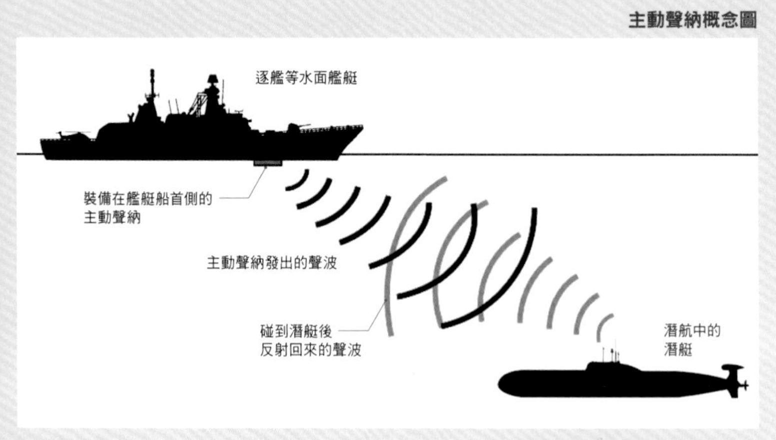

BC武器？ 「好吵喔！
除此之外什麼也聽不到……」

靜靜地潛入水底，僅依靠聲音來偵測敵方潛艦。但這樣的戰術會被螃蟹和鯨魚等的生物聲音所干擾。據說相模灣底的橫紋蟹發出的咔嚓聲就讓聲納員頭痛不已。

「從水中緊急逃生嗎！?」

蘇聯／俄羅斯海軍的949A型（奧斯卡II級）核動力潛艦

蘇聯和美國都建造了大型的彈道導彈潛艇，僅維護管理這些潛艇就已經耗費了大量的預算。因此，冷戰也成了一場經濟上的競賽。

他們說：「只是GPS發生了故障。」

中國091型（漢級）核動力潛艇
現今的中國什麼都敢做，他們認為只要有實力就可以理直氣壯。

膨張中的中國海軍

中國海軍的霸道行為，最明顯的例子就是單方面宣稱在南中國海擁有主權，經常與越南、菲律賓發生衝突，提高了與試圖遏止中國擴張的美國之間的軍事衝突風險。

為了伸張主權，中國單方面劃定了環繞南中國海整個區域的U形九段線，並將其稱為「九段線」。然而，菲律賓認為中國的主張違反了聯合國海洋法公約，並向國際仲裁法庭提起訴訟。2016年7月，該法庭裁定「九段線」缺乏法律依據。

紅色虛線為中國主張的「九段線」
（引自外交防衛委員會調查室的資料）

未來的海戰　（現代～近未來）

過去，海戰是船隻相互認識對方的形態，並以火箭和大砲進行戰鬥。但隨著航空母艦和潛艇的出現，越來越多的戰鬥是在看不見對方的情況下進行的；飛機和導彈性能的提高，讓未來的海戰更加難以直接看見對方。那麼，未來的海戰會是什麼樣子呢？

「不愧是神盾艦」

神盾艦擁有進化版的雷達系統，可與衛星和飛機聯繫，且具有出色的反艦和防空能力。最初是美國為了保護航空母艦艦隊而開發的。

象徵著神盾艦的雷達

神盾艦是現代版的防空艦，搭載著相位陣列雷達、先進的資訊處理系統和火控系統，可以同時追蹤超過200個目標，並同時攻擊至少10個高威脅目標。如今，神盾艦還在彈道導彈防禦（BMD）中扮演重要角色。

神盾艦的外觀特點是艦橋下的多面體結構，這裡裝備了相位陣列雷達的天線。傳統雷達是通過旋轉指向性天線來掃描範圍內的目標，無法捕捉到範圍外的目標。相位陣列雷達則可以在不旋轉天線的情況下持續追蹤目標，從而實現更快的反應。據說，神盾艦的相位陣列雷達的探測範圍可達500公里以上。

美國海軍的阿利·伯克級導彈驅逐艦AN/SPY-1D相位陣列雷達的天線部分。八角形的天線設置在艦橋下方的四個面上。（圖片：美國海軍）

「就像隱形艦艇互相碰撞了一樣」

隱形不僅僅適用於飛機，艦艇的隱形化也在快速進行中；不僅不易被雷達探測到，還試圖通過低可視化來使肉眼觀察變得更為困難。

「朱瓦特級」隱形艦

第一艘朱瓦特級驅逐艦「朱瓦特」是美國有史以來最大的驅逐艦，滿載排水量約為16,000噸，全長183米（圖片：美國海軍）

在海上作戰時，艦艇會利用聲納、雷達和紅外線等手段進行索敵；為了避免被這些手段輕易偵測到，而進行特別設計的艦艇稱為「隱形艦」。

隱形艦的代表就是美國海軍的朱瓦特級驅逐艦，該艦採用極力降低雷達截面積(RCS)的棱角設計，船體外側還塗有吸收電磁波和聲波的特殊材料，還使用低噪音的集成電力推進系統。

武裝方面則配備有射程超過130公里的火箭輔助推進155mm砲2門，以及垂直發射的防空和防艦飛彈。此外，艦尾還設有可搭載2架直升機的飛行甲板。截至2022年8月止，已經建造了3艘朱瓦特級驅逐艦。

「看起來不是AI，更像是生物的大腦啊！」

將人工智慧(AI)嵌入艦船、航空器和導彈中，就能以可怕的精準度找到敵人並進行攻擊或防禦。那麼，如果再結合生物技術後會發生什麼呢？

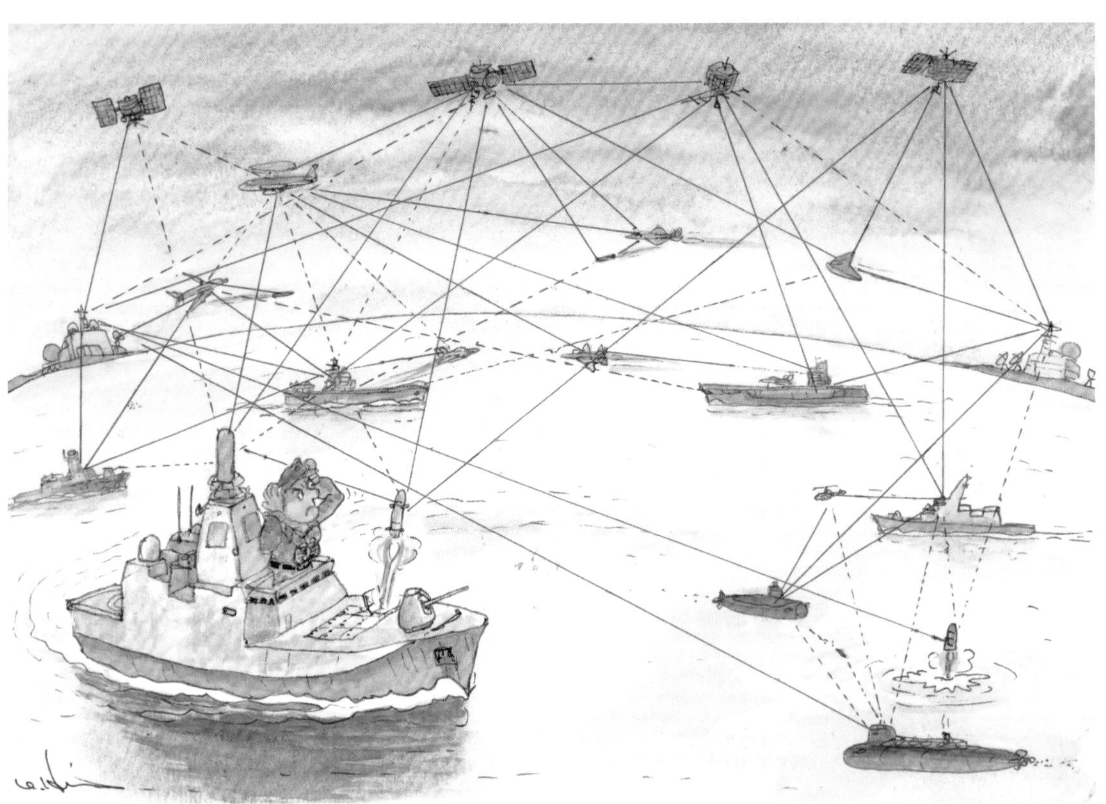

「對手完全看不見！　自己什麼也決定不了！
這也算是海戰嗎！」

電腦發現、電腦判斷、電腦攻擊。
這樣一來，人類已經沒有容身之處了。

「宇宙戰艦武藏」

海戰將會擴展到太空？
在那裡將會有另一場爭鬥……

艦艇用語／主要海戰的概述

這裡將介紹與艦艇相關的術語，以及概述未在第四章和第五章作為主題來介紹的二戰海戰。

解說：《軍事經典》編輯部

艦艇用語

【英寸】長度單位。1英寸等於2.54cm，12英寸＝約30.5cm，14英寸＝約35.6cm，15英寸＝約38.1cm，16英寸＝約40.6cm，18英寸＝約45.7cm。

【海里】海上的距離、艦艇航程的單位，1海里為1,852公尺。又稱海浬、nm（海里）。

【鍋爐】燃燒燃料產生高溫高壓蒸汽的裝置。將蒸汽送入蒸汽渦輪等裝置以獲得動力，或進行發電。汽鍋、鍋爐。

【乾舷】水面到甲板的垂直距離。指超過水線的乾燥舷側。

【甲板裝甲】水平面上的裝甲。用於保護船體免受從上方飛來的砲彈攻擊。

【艦砲射擊】艦船發射火砲。主要指對地射擊。

【引擎】產生動力並驅動螺旋槳的裝置。二戰時期的艦船多使用蒸汽渦輪引擎。主引擎。

【引擎室】容納引擎的區域。一旦被破壞就無法運作，通常會被重裝甲所覆蓋。

【起工】開始建造船舶。

【基準排水量】裝載彈藥等物品但不裝載水和燃料時的排水量。

【吃水】船舶浮在水面時，船底到水面的垂直距離。

【舷側裝甲】又稱水線裝甲。安裝在船體側面的裝甲，用於保護船體免受從側面來的砲彈攻擊。

【高角砲】日本海軍用語，指用來攻擊敵方飛機的火砲。高射砲、防空砲。

【口徑】砲管長度相對於口徑（砲管內徑）的倍數。更精確的說法是「口徑長」。基本上，口徑的數值越大（砲管越長），初速就越快，射程就越遠。

【散布界】砲彈命中時散開的範圍。

【軸】傳遞引擎動力並驅動螺旋槳的推進軸。螺旋槳軸。

【司令塔】設有操舵室、主砲射擊所等重要設施的區域。

【射出機】用來快速發射飛機以啟動起飛的裝置。彈射器。

【重要防禦區域】對艦船存活至關重要的區域，如彈藥庫和引擎部，通常都有厚重裝甲的保護。

【主砲塔】安裝艦船主砲的砲塔。尤其是戰艦上，裝甲最厚。

【竣工】艦船的建造和設備安裝完成。

【檣】指船桅。

【常備排水量】艦船進入戰鬥狀態，以排水當作為標記，例如：彈藥裝載率為3/4，燃料為1/4，水的裝載率為1/2。

【上部構造物】位於船體上方的艦橋、武裝、煙囪和桅杆等相關設施的總稱。上部結構。

【進水】將建造幾乎完成的艦船放入水中。

【水線】指吃水線。

【測距儀】用於測量目標（敵方）距離的裝置。

【蒸氣渦輪機】將蒸氣導入葉輪，使能量轉換為旋轉運動以獲得動力的裝置。

【損傷控制】艦艇受損時，施行相應措施以防止損害擴大的程序。

【彈藥庫】存放砲彈和火藥的區域。由於可能引發引爆，通常會覆蓋厚重的裝甲。

【超級戰艦】擁有比德級戰艦更強大的主砲和快速的戰艦，常指能在兩側裝備8門34cm以上主砲的戰艦。

【天蓋】位於艦橋或砲塔頂部的部位。

【電波探信儀】日本海軍稱呼「雷達」的說法。

【德級戰艦】因1906年英國戰艦「無畏」號遠遠超越當時的戰艦性能，因此，往後稱與該艦相當或更高性能的艦為德級艦。指裝備4門30.5cm以上的主砲，兩側各有8門以上主砲的戰艦。

【首船】同型（級）艦中最先竣工或起工的船舶。

【節】用於表示船舶速度的單位，1節＝1,852公尺/小時，也可寫作「kt」。

【排水量】用於表示船舶大小的數值。當將船舶浸入裝滿水的虛擬水箱時，溢出的水的重量。以噸為單位。

【滿載排水量】裝載彈藥、燃料、水時的排水量。

【順浪性】指船舶具有在波浪中保持穩定的能力。

未在書中提及的二戰海戰（按戰區和年代排序）

太平洋戰域

●爪哇海戰

1942年2月27日至3月1日，在對蘭印（今日的印尼）爪哇的最後攻略作戰中，日本海軍與ABDA艦隊(美、英、荷、澳聯合艦隊)展開了一場海戰。2月27日的遠距離魚雷戰以及翌日的夜間戰鬥中，日本擊沉了荷蘭的輕巡洋艦「德魯特」和「爪哇」，以及2艘驅逐艦。3月1日，參與掃蕩戰的日本重巡洋艦「足柄」和「妙高」擊沉了英國重巡洋艦「艾克塞特」。日本僅損失一艘驅逐艦「朝雲」，這場戰鬥以日本的壓倒性勝利告終。

●巴達維亞海戰

爪哇海戰失敗後，試圖逃離的ABDA艦隊和日本海軍在巴達維亞（爪哇島西部）發生的海戰。1942年3月1日，在通過蘇門答臘海峽時，美國重巡洋艦「休斯頓」和澳大利亞輕巡洋艦「伯斯」與日本的重巡 洋艦「最上」和「三隈」發生交戰並被擊沉。盟軍稱此戰役為巽他海峽海戰。

●錫蘭海戰

1942年4月5日至9日，在印度洋的錫蘭島附近發生了一場日本海軍和英國皇家海軍的海戰。日軍企圖摧毀印度洋上的英國東方艦隊及其基地，便因此爆發此次海戰。4月5日，日本航母「赤城」「蒼龍」和「飛龍」攻擊了可倫坡的基地設施和機場，同時還擊沉了正在航行的英國重巡洋艦「多塞特郡」和「康沃爾郡」。9日，日軍摧毀了特林科馬利港的設施，並擊沉了英國航空母艦「赫密士」。在這場海戰中，失去了基地的英國東方艦隊則撤退到非洲。

●第一至第三次所羅門海戰

這一連串發生在所羅門群島中的瓜達爾卡納爾島周邊，日本海軍和美國海軍的系列海戰。第一次所羅門海戰（盟軍稱為薩沃島海戰）於1942年8月8日至9日發生，第二次所羅門海戰（東所羅門海戰）於8月23日至24日發生，第三次所羅門海戰（瓜達爾卡納爾島海戰）於11月12日至15日發生。其中，在第二次所羅門海戰中，日本的航空母艦「龍驤」被擊沉，美方的航空母艦「薩拉托加」遭到重創，「瓦斯普」號被擊沉。第三次所羅門海戰中，日本的戰艦「比叡」和「霧島」被擊沉。

●南太平洋海戰

為了響應瓜達爾卡納爾島上陸軍部隊的總攻擊，日本海軍派遣航空母艦「翔鶴」「瑞鶴」「瑞鳳」「隼鷹」前往所羅門群島。1942年10月26日，日本航空母艦艦隊與美國的「企業號」「黃蜂號」航空母艦發生海戰。「翔鶴」和「瑞鳳」因受到攻擊而撤退，但「隼鷹」的反擊，成功將「黃蜂號」擊沉，並重創「企業號」。這場海戰讓美國海軍在所羅門群島地區的航空母艦數量瞬間歸零，但日本也遭受重大損失，無法轉為進攻態勢。盟軍稱此役為聖塔克魯茲群島海戰。

●馬里亞納沖海戰

發生於1944年6月19日至20日、馬里亞納群島和帛琉群島海域的海戰，成為史上規模最大的航空母艦大決戰，日本有9艘航空母艦出戰，美國則派出15艘航空母艦。19日，日本採取超出美國艦載機作戰半徑的外圈戰術，進行先發制人的攻擊，但被美國防空網所阻止，未能造成有效損害。相反地，美國的潛艇攻擊卻導致了「大鳳」「翔鶴」的沉沒。20日的戰鬥中，「飛鷹」被擊沉，日本失去了許多艦載機和機組人員。盟軍稱此役菲律賓海戰。

●萊特灣海戰

1944年10月20日至25日，在菲律賓周邊的廣大海域發生了一系列日軍和美軍的海上戰鬥。日本稱之為菲律賓海戰，包括了四場戰鬥：希布亞灣海戰、蘇里高海峽海戰、恩加諾角海戰，和薩馬爾海戰。

日本的作戰目標是摧毀聚集在萊特灣的美國登陸部隊。為此，日軍派出誘餌部隊來引誘美軍，再利用此機會以戰艦為核心的水面部隊突入萊特灣，阻止美軍登陸。

這次作戰幾乎動員了所有當時尚存的戰鬥船艦，以此對美軍發起史上規模最大的海戰。在一系列的海戰中，美軍損失了3艘輕型航空母艦和3艘船隻，而日本則損失了4艘航空母艦、3艘戰艦和許多艦艇。這次作戰以失敗告終。

大西洋／北極海戰域

●拉普拉塔海戰

發生於1939年12月13日、南美洲拉普拉塔河河口外的海戰。自開戰以來，德國海軍「格拉夫·施佩伯爵」裝甲艦一直在大西洋和印度洋進行商船的破壞行動，與英國海軍的三艘巡洋艦交戰，雖擊沉其中一艘，但自身也受到損傷。之後逃到中立國烏拉圭的港口，因判斷無法返回本國，於17日在港口外自沉。

●韋瑟演習作戰

1940年4月，德國對丹麥、挪威發動作戰代號為「獅子獵物行動」進攻。作戰中，德國海軍支援了前往挪威西部港口的登陸部隊，並與試圖阻止的英國海軍發生了幾場海戰。雙方都蒙受損失。德國海軍在登陸作戰中，重巡洋艦「布呂歇爾」、輕巡洋艦「凱尼希貝格」和「卡爾斯魯厄」等艦艇遭到擊沉，袖珍戰艦「呂佐」也遭受重創。

●納爾維克海戰

1940年4月10日至13日，發生在挪威奧福特峽灣內的海戰。為了攻佔挪威的納爾維克，德國派遣的10艘驅逐艦，但被英國艦隊「沃斯賓號」戰艦和航空母艦「狂怒號」全部擊沉。

●北岬海戰

1943年12月26日，發生在挪威最北端的北岬（諾爾卡普）海戰。德國海軍的巡洋戰艦「沙恩霍斯特」艦隊襲擊了前往蘇聯的盟軍運輸船隊，但遭到了護航的英國戰艦「約克公爵號」、重巡洋艦「諾福克號」和輕巡洋艦「雪菲爾德號」等艦艇的反擊。「沙恩霍斯特」在多次中彈和一連串的魚雷攻擊後沉沒。

地中海戰域

●梅爾塞爾·凱比爾海戰

1940年6月法國投降後，當時駐紮在法屬阿爾及利亞的法國艦艇可能會落入德國手中，英國海軍便派遣巡洋戰艦「胡德」和航空母艦「皇家方舟」艦隊前往地中海，試圖將法國艦隊納入自己的指揮下，或是使其喪失作戰能力。

1940年7月3日，停泊在阿爾及利亞梅爾塞爾·凱比爾港的法國艦隊拒絕了英國艦隊的最後通牒，導致交戰。在這場海戰中，法國戰艦「布列塔尼」沉沒，「敦刻爾克」和「普羅旺斯」嚴重受損，但「史特拉斯堡」和驅逐艦群則成功逃離港口前往法國。

●塔蘭托空襲

1940年11月11日至12日，停泊在義大利南部塔蘭托港的主力艦隊遭到英國航空母艦「勵磯特里厄斯」的劍魚式魚雷轟炸機襲擊，造成戰艦「利特里奧」、「凱奧杜利奧」和「卡布里阿諾伯爵」嚴重受損。這次攻擊對隔年日軍襲擊珍珠港產生了影響。

●馬塔潘角海戰

1941年3月27日至29日，在希臘的馬塔潘角海域1艘義大利戰艦和6艘重巡洋艦組成的艦隊，與英國航空母艦「可畏號」和3艘戰艦進行了一場激烈的海戰。「可畏號」上的艦載機重創了義大利戰艦「維托里奧·威尼托」。夜戰中，英國戰艦「瓦倫特」、「沃斯帕特」和「巴倫納姆」利用雷達射擊擊沉了義大利的3艘重巡洋艦。沉沒的義大利重巡洋艦「扎拉」、「波拉」和「弗穆爾」都屬於扎拉級重巡洋艦，這是史上首次出現3艘同型號的重巡洋艦被擊沉的海戰。這場海戰的失利，讓義大利海軍在之後的行動受到了極大的限制。

後記

本書為2015～2022年春季為止，於季刊《ミリタリー。クラシックス》（イカロス出版）上連載的內容，經部分修改後編纂成書。文中的專欄解說與書末的專業用語彙整等，為同雜誌編輯部的野地信吉編輯製成。另外，也感謝負責版面設計的村上千津子設計師，以及為日文版書腰附上美麗插畫和書評的こがしゅうと老師。

出　　版／楓樹林出版事業有限公司
地　　址／新北市板橋區信義路163巷3號10樓
郵政劃撥／19907596 楓書坊文化出版社
網　　址／www.maplebook.com.tw
電　　話／02-2957-6096
傳　　真／02-2957-6435
作　　者／久邦彥
翻　　譯／陳良才
責任編輯／陳鴻銘
港澳經銷／泛華發行代理有限公司
定　　價／420元
初版日期／2024年8月

國家圖書館出版品預行編目資料

圖解世界海戰史 / 久邦彥作；陳良才譯. -- 初版. -- 新北市：楓樹林出版事業有限公司, 2024.08 面；　公分

ISBN 978-626-7499-08-5（平裝）

1. 海戰史 2. 世界史

592.918　　113009433